水气耦合高效灌溉理论与技术

雷宏军　张振华　著

科学出版社

北　京

内 容 简 介

本书致力于水气耦合高效灌溉理论与技术，将水气耦合灌溉技术研发、室内机制实验、盆栽试验、小区试验和田间试验相结合，致力于提高作物产量和水分利用效率，改善作物品质。主要内容包括：研发循环曝气灌溉技术装备，提高灌溉水溶解氧浓度和掺气比例，优化曝气灌溉关键技术参数，改善现有的曝气技术农业适应性。通过对灌溉过程土壤气体运动的关键指标——土壤导气特性研究，探求土壤通气性改善效应评估指标；通过水气耦合滴灌生物效应研究，明确不同作物、不同土壤条件下生长、生理响应及对产量、果实品质的改善效应；通过研究水气耦合灌溉不同作物、不同土壤下土壤理化特性、土壤微生物过程和根腐病影响效果及其与作物产量及品质的响应，探明水气耦合灌溉水分高效利用的作用机制，以期直接服务于农业实践。

本书内容突出新颖性和实用性，可作为水利、农学等领域从事农业节水相关专业高年级本科生和研究生的参考用书，也可作为相关专业科研、教学和工程技术人员参考用书。

图书在版编目（CIP）数据

水气耦合高效灌溉理论与技术 / 雷宏军，张振华著. —北京：科学出版社，2016.3

ISBN 978-7-03-047483-4

I. ①水…　II. ①雷…②张　III. ①灌溉–农业技术–研究　IV. ①S275

中国版本图书馆 CIP 数据核字(2016)第 043885 号

责任编辑：杨帅英 / 责任校对：张小霞
责任印制：张　伟 / 封面设计：图阅社

科　学　出　版　社 出版
北京东黄城根北街 16 号
邮政编码：100717
http://www.sciencep.com

北京厚诚则铭印刷科技有限公司 印刷

科学出版社发行　各地新华书店经销

*

2016 年 3 月第　一　版　　开本：787×1092　1/16
2016 年 3 月第一次印刷　　印张：10
字数：220 000

定价：79.00 元
（如有印装质量问题，我社负责调换）

前　言

　　干旱缺水问题已成为危及世界粮食安全、人类健康和自然生态系统的重大问题。目前农业灌溉用水已经占到全球人类淡水消耗的70%左右，但有多达30%～40%的水被浪费。针对这一情况，世界各国在探寻解决之道时都不约而同地将重点放在了农业节水上。未来增加粮食产量主要突破口只能是发展节水农业，节水农业的发展必然将引发一场以节水、高效为核心的技术革命。据估计，按目前人口的增长速度，到2025年世界人口将增加到78.5亿，粮食产量必须翻一番才能满足需求。为提高粮食产量，农业用水将增加14%，即需要20 000亿 m³的灌溉用水。未来粮食需求的满足将取决于额外的灌溉用水。然而，由于生活、工业及环境用水需求的增加，全球范围内灌溉用水配额将呈现下降。因此，未来粮食需求的满足必须依赖于农业用水效率的提高予以实现。现存的灌溉方法之间水分利用效率存在巨大差异，如沟灌水分利用效率只有50%～60%，而滴灌和地下滴灌可以达到95%。可见，高效灌溉方式节约的水资源可望实现粮食产量翻番。尽管地下滴灌水分生产效率很高，但是我国及澳大利亚在种植行业的推广应用却一直很缓慢，很大程度上是因为滴灌要求较高的安装费用，并且持续润湿锋的存在会导致粮食产量受损，特别是在黏质土壤情况下表现明显，持续润湿锋限制了氧气向根际的扩散。因此，氧气成为作物生产的制约条件。当灌溉水进入土壤后，将土壤孔隙中的空气排出，造成根系缺氧，曝气技术的应用会改善这种状况。研究表明，曝气灌溉对作物产量和品质有改善作用，作物根区曝气可以改善作物的水分利用效率和粮食产量，特别是在氧气扩散缓慢的重黏土中。

　　我国是世界上人口最多、粮食消耗量最大的国家，又是世界上人均水资源量最贫乏的国家之一。日益严重水资源短缺已成为进一步提升我国农业综合生产能力的主要瓶颈，降低农业用水成本，提高农业用水效率，大力发展节水农业技术是解决这一问题的根本出路，也是建设社会主义新农村，构建资源节约型和环境友好型社会的重要内容。调控土壤水-气环境以维持根系正常的新陈代谢和良好的根区环境，是灌溉追求的目标。然而，灌溉水入渗会导致土壤孔隙中的空气被驱离，使得土壤湿润区出现至少短期的缺氧环境。土壤通气性改善以及由此带来的根系吸收和运输功能的改善是加氧灌溉增产增效的根本所在。随着地下滴灌技术的日臻完善和大面积推广应用，利用滴灌系统可实现水-气耦合传输功能，为土壤通气提供了可能。灌溉过程中水气传输不均匀会导致大量气泡从滴头附近向大气散失。加氧技术是近几年起步研究的农业灌溉新技术。加氧灌溉是将氧气或空气以及含氧物质输送到植物根区的灌溉方式。加氧灌溉又可分为水气耦合的灌溉方式以及水气分离的灌溉方式。水气分离的灌溉方式因易于产生"烟囱效应"，经济上不合算。因此，水气耦合是主流的加氧灌溉技术。水气耦合的灌溉方式，这里等同于曝气灌溉。其基本原理是利用文丘里空气射流器将空气中的氧气直接加入水流中，或者将含氧物质，通过地下滴灌系统将氧气加入作物根区的一种灌溉方法，可以有效调控根区水气环境，它是对地下滴灌系统的改进和发展。

自 2003 年以来，澳大利亚中央昆士兰大学 David Midmore 教授和 Surya Bhattarai 博士在加氧灌溉方面做了大量的研究工作，从室内机制到大田应用研究，涉及小麦、棉花、菠萝、大豆、葡萄等，先后发表论文 20 余篇。2008 年以来，中央昆士兰大学与我国西北农林科技大学和华北水利水电大学合作进行了曝气灌溉技术的应用研究，将曝气灌溉应用于不同的作物、土壤、灌溉方法以及农业生态领域。研究表明，曝气灌溉克服了土壤缺氧对作物的负面影响，能够提高作物产量和品质，对重黏土和盐渍土效果十分明显。

本著作主要致力于水气耦合高效灌溉理论与技术的研究，主要结论如下：

（1）土壤气体运动及导气率计算模型研究：土壤导气率总体上表现为随土壤含水率增加而显著地减小。灌后土壤水分再分布过程中，土壤导气率呈缓慢增长趋势；通气作用与水分再分布过程都能提高湿润体土壤的导气率，但通气作用提高湿润体土壤导气率的及时性明显优于水分再分布过程；灌后人工通气可迅速提高地下滴灌湿润体土壤导气率。瞬态土壤导气率测算方法重点是分析压力随时间的变化关系系数 s。实例研究验证了瞬态一维边界和三维边界条件下参数 s 存在。相对稳态法而言，瞬态法无须测量通过土样的气体数量，测量时间短，且只需少量体积的气体通过土样，对土样结构破坏小；而稳态法测量技术较成熟，计算方便。瞬态法与稳态法测量结果之间具有极显著的相关性。在一维瞬态导气率测定模型基础上对参数 s 计算过程进行了简化，并用一维稳态土壤导气率测算模型对简化后的模型进行验证。简化解 s_0 计算的导气率数值与稳态模型测定数值之间具有极显著相关性，以原模型参数 s 为标准，简化解 s_0 与参数 s 相对误差变化幅度小于 0.5%，两者数值接近。根据长度等效原理，定义了三维边界条件下难以直接测定的土柱外气体运动范围，从而建立了适用于三维边界条件下土壤导气率瞬态测定模型，并利用三维稳态导气率测定模型对其测定结果进行验证，新模型具有良好的精度，其导气率测定结果与三维稳态模型测定结果之间具有极显著相关性。通气作用与水分再分布过程都能提高湿润体土壤的导气率，灌后人工通气可迅速提高地下滴灌湿润体土壤导气率。

（2）水气耦合滴灌水气传输特性研究：系统地研究了工作压力及曝气与否等组合条件对掺气比例、氧传质效率、滴灌带出水均匀性及出气均匀性的影响。结果表明：循环曝气条件下压力提高有利于掺气比例增加，出水均匀性和出气均匀性保持在 96.50% 和 75.00% 左右，但是压力增加对氧传质系数起到了抑制作用。表面活性剂添加可以使气泡的表面张力减小并抑制气泡的聚合。循环曝气条件下，表面活性剂浓度升高对氧传质系数起到了促进作用，大大缩短了曝气时间，提高循环曝气灌溉系统水气传输效率，降低了运行成本，出水均匀性和出气均匀性也能达到 96.50%和 83.07%。0.1 MPa 和 5 mg/L 表面活性剂为适宜的推荐组合。

（3）水气耦合滴灌生物效应研究：砂壤质土壤曝气地下滴灌温室辣椒试验表明，砂土条件下不同滴灌带埋深及工作压力对曝气灌溉辣椒的影响效果不显著。随着滴灌带埋深的增加，温室辣椒的叶片面积指数、单株产量及根冠比均呈现出先升高后降低的趋势，10 cm 滴灌带埋深对辣椒生长的促进作用较为显著。0.1 MPa 的工作压力对提高单位面积上叶片面积指数较为有效。不同土壤曝气地下滴灌桶栽辣椒试验表明，相同土壤类型，不同掺气量对温室辣椒生物量及产量的影响具有明显差异。曝气灌溉可以明显改善砂黏壤土和黏壤土的土壤环境，从而使作物的生物量及产量也得到提高。相同掺气量时，不同土壤类型的辣椒生物量及产量均呈现显著差异。土壤疏松、透气性大的土壤，作物生长发育较好，曝气灌溉效果不明显。不同土壤条件下曝气灌溉冬小麦试验表明，与普通滴灌相比，郑州潮土、商丘两合土曝气处理气孔阻力下降了66.72%和61.47%，洛阳红黏土和南阳黄褐土气孔阻力差异不显著。洛阳红黏土曝气处理产量较对照处理增加了 12.61%，千粒重增加了 12.23%，而南阳黄褐土、商丘两合土和郑州潮土曝气处理与普通滴灌差异不显著。循环曝气地下滴灌技术在洛阳红黏土上对冬小麦有显著性的改善效果。黄黏土曝气地下滴灌温室番茄试验表明，曝气灌溉可显著促进番茄的生长和品质的改善。与普通地下滴灌相比，相同灌溉定额条件下曝气处理番茄果实前 5 次产量提高了 29.15%；温室番茄的水分利用效率提高了 20.72%。曝气处理气孔导度提高了 30.51%；番茄果实维生素 C 含量提高了 13.25%，可溶性固形物含量提高了 8.62%，糖酸比提高了 22.05%，而总酸含量和硬度分别下降了 15.50%和 11.19%；曝气处理根冠比较对照处理增大了 25.81%；根长增大了 16.75%。

（4）水气耦合灌溉的作物-土壤环境响应研究：农场菠萝的试验表明，曝气灌溉增加了菠萝的产量，总产量增加了 44%，可销售产量也增加了 11%；曝气灌溉还降低了菠萝对疫病的感染情况，相对于不曝气处理的 4.9%，曝气处理仅有 3%的植株被感染。从小麦种植试验可以看出，与 SEAIR 扩散系统相比，Mazzei®空气射流器不仅有着更大的空气流量（增加了 56%），在植株生物量、水分利用效率、产量以及土壤环境方面均有更好的表现。在砂姜黑土和富铁土两种土壤中种植的棉花试验表明，曝气灌溉处理棉花产量均有所提高，分别提高了 26%和 15%；而砂姜黑土更适合曝气灌溉小麦的种植，相对于富铁土增加了 15%；两种土壤对滴头埋深的要求也不一致，砂姜黑土适合 20 cm 的埋深，而富铁土对 10 cm 适合。

全书共 7 章：第 1 章绪论；第 2 章土壤气体运动及导气率计算模型研究；第 3 章水气耦合高效灌溉系统研制；第 4 章水气耦合滴灌系统水气传输特性研究，第 5 章水气耦合灌溉的生物效应研究；第 6 章水气耦合滴灌的作物-土壤环境响应研究；

第 7 章结论与展望。其中，第 1 章、第 3 章、第 4 章、第 5 章、第 7 章由华北水利水电大学雷宏军博士执笔，第 2 章由鲁东大学张振华博士执笔，第 6 章由澳大利亚中央昆士兰大学 Bhattarai Surya 博士执笔。全书由雷宏军统稿。这里还要特别感谢鲁东大学的研究生李陆生、华北水利水电大学的研究生臧明、中央昆士兰大学的研究生 Dhungel Jay，正是他们的共同研究，使得本书稿得以顺利完成。书稿的撰写过程中得到澳大利亚中央昆士兰大学 David Midmore 教授、西北农林科技大学陈新明博士、华北水利水电大学李道西博士的热情指导。本书的完成和出版得到了国家自然科学基金项目（41271236、U150410366）、"十二五"农村领域国家科技计划课题（2011AA1005A4）、烟台市科技发展计划（2011065）、华北水利水电大学青年科技创新人才项目（70459）、山东省高等学校优势学科人才团队培育计划"蓝黄两区滨海资源与环境团队"项目的联合资助，在此表示感谢！

随着研究工作的逐渐深入，我们深刻认识到，水气耦合高效灌溉理论与技术是一个多学科交叉、创新性强、极具挑战的研究课题，涉及面广，本书力图为这方面的进一步深入研究提供借鉴，尚有许多问题需要继续深入探讨，且限于研究者的水平和其他客观条件，书中定会存在许多不足甚至纰漏，在此恳请读者批评指正。此外，本书中对他人的论点和成果都尽量给予了引证，若有不慎遗漏引证的，恳请谅解。

作　者

2015 年 11 月

目　录

第1章 绪 论

1.1 研究背景与意义

土壤空气、水分和养分之间的最佳平衡被称为肥力三角（fertile triangle）（Wolf，1999）。协调土壤水气环境以维持根系正常的新陈代谢和良好的根区环境，是灌溉追求的目标（Bhattarai et al.，2005）。实际上，肥力三角最佳平衡很少实现，因为空气与水分共同存在于土壤孔隙中，土壤水分含量的变化必然导致土壤中空气含量的变化，进而影响到土壤的通气状况（Meek et al.，1983）。传统灌溉方法总是处于淹水灌溉、根区排水及缺水后再灌溉的过程之中（Bhattarai and Midmore，2005）。精准的灌溉方法，如滴灌和地下滴灌因可显著提高水分利用效率而备受推崇。但是，灌溉过程及之后地下滴灌灌水器的周围也可能出现短时性和周期性滞水，这一情况多出现在质地黏重、土壤紧实和结构不良的土壤中，即使是在排水特性良好土壤上也可能出现持续性水分过多的情况（Dhungel et al.，2012）。土壤水分过多必将导致湿润区土壤空气含量下降，其下降程度与灌溉技术水平和土壤性质相关（Abuarab et al.，2013；Bhattarai et al.，2013；Shahein et al.，2014；Torabi et al.，2013；Chen et al.，2011）。土壤空气对作物种子发芽、出苗、后期成长与成熟以及作物对养分吸收及各种营养物质的转化都有重要的作用甚至是起决定性的作用。氧气向植物根区的供应是农业灌溉的瓶颈（邵明安等，2006）。

土壤空气来自于大气，是土壤的重要组成部分，存在于土壤孔隙中，并在土壤孔隙中不断地运动，同时与大气进行气体交换。土壤通气性对植物生长的重要性已经为人们所认知，Grable（1966）最早对土壤通气性给出了定义：是指生物、土壤和大气相互之间的气体交换和循环。Glinski 和 Stepnieski（1985）建议将土壤通气性概念进行拓展，即包括土壤气体的组成及其对植物的作用，土壤气体的吸附、产生、交换等各个方面。这一概念将土壤氧气的分布、氧气对植物根系及微生物的可利用性考虑进来，称为土壤氧合作用。根系呼吸需要充足的氧气，以最大限度地提取水分和养分。绝大多数陆生植物都不能从地上部（茎叶）获取氧气并输送到根系以满足根系对氧气的需求。充足的根系呼吸要求土壤空气与大气之间进行气体交换，以避免根系氧气不足和 CO_2 积累（Hillel，1982）。根系呼吸是植物活性最为敏感的方面，与土壤通气状况紧密相关，土壤通气不足首先表现为根系呼吸强度下降。此外，当土壤通气不足时土壤微生物将会与植物根系竞争氧气（Stotzky，1965）。当土壤湿度增加，根系周围的水膜厚度增加，氧气由气态到达根系的阻力增加（Wiegand and Lemon，1958）。土壤水分含量影响着氧气的宏观扩散（由气态进入土壤剖面）和微观扩散（由水膜到达植物根系和土壤微生物附近）。

大多数植物需要充足的氧气以维持根系正常代谢，通气性良好是植物正常生长的必需条件。土壤导气率（K_a）相对容易测量，并且能充分反映土壤通气性和土壤结构的特征，使得近来对土壤导气率的研究日益增多，然而导气率测量手段的相对困难，使得对其大范围的研究尚未广泛开展（Jury and Horton，2004）。国内外学者提出不同的土壤导气率测定模型与方法。根据模型供气方式不同分为两类：稳态法和瞬态法。传统土壤导气率测量方法多为稳态法：在研究土体的一端持续施加稳定气压，然后测量通过土体的空气数量，根据土壤空气对流方程得出土壤导气率（Shan et al.，1992；Springer et al.，1988；Tjalfe and Moldrup，2007）。稳态法的优势是测量技术成熟，但试验时需压缩机等设备提供稳定气压，并用流量计等仪器测量通过样品的气体通量，所需试验设备昂贵，携带不方便。因此，相关研究者提出瞬态土壤导气率测定模型（Kirkham，1946；Smith et al.，1997；Li et al.，2004）。瞬态测量方法是指通过记录被测土样密封端压力动态变化，得到土样密封端压力随时间变化的变化关系，根据相关模型计算得出土壤导气率，瞬态模型测量时无须给样品提供稳定的气压，对土壤扰动小，仪器成本低，但目前应用较广的一维瞬态测定模型不能满足原状土壤导气率的测量要求。

在农业方面主要是研究土壤通气性不足对粮食减产的影响。土壤湿度过大降低了植物生产潜力，不仅与土壤通气性不良有关，也与土壤氧气不足引起的根系病菌入侵有关（Miller and Burke，1975；Stolzy et al.，1967）。除非人为排水或增氧以提高通气不良土壤的通气性，否则作物势必减产，收益也可能大幅下降（Irmak and Rathje，2014）。土壤水分过多，土壤氧气被土壤水分驱离，微生物与植物根系竞争利用氧气，同时微生物代谢途径发生转变，减少了根系对养分的吸收。土壤氧气不足，新生根系停止生长，根系的伸展受到抑制（Silberbush et al.，1979）。如果氧气浓度进一步下降，即使恢复供氧根系也无法正常生长（Lemon and Wiegand，1962）。淹水48~72小时后，土壤氧气浓度下降到最大理论值的10%时，根系停止生长，作物产量下降到最佳灌溉处理的56%（Meyer et al.，1985）。保障作物根区的土壤通气性对作物产量至关重要。随着滴灌技术的日臻完善和大面积推广应用，利用滴灌系统可同时实现水、空气和农业化学物质向根区输送，为土壤通气提供了可能。

目前向根区输送氧气的灌溉技术主要有两种（雷宏军等，2014a）：一种为灌水过程与加气过程分离，即灌水之后进行通气的方式；另一种是使用文丘里将氧气（或空气中的氧气）通过滴灌或地下滴灌水流向植物根区输送的一种新型的灌水技术，被称为水气耦合灌溉（又称为曝气灌溉）。这两种方式都能有效缓解普通灌溉根系缺氧问题，第一种方式因"烟囱效应"的存在，空气不能有效地停留在植物根区；第二种方式因过水流速缓慢使得单次曝气水流掺气比例受限，且产生的气泡大部分集中于管道上半部，在实际应用中受到限制。在曝气灌溉的基础上将灌溉水循环地通过文丘里，产生巨量的微气泡，形成均匀的水气耦合物，不易于产生"烟囱效应"；同时，微气泡可促进物质的传输，提高水气传输的均匀性，对改善根区土壤环境具有重要意义，这种灌溉方法被称为循环曝气灌溉（雷宏军等，2014a）。它一般采用地下滴灌作为灌溉系统，这主要是因为曝气的对象主要是植株的根际土壤，采用地下滴灌可以直接将含氧气体通入根际土壤，与其他灌水方法相比，地下滴灌有提高水分利用率、节省能源等显著优点。本书基于循环曝气系统，研究循环曝气滴灌的氧传质系数、滴灌带中水气两相流的传输特性，以此得到合适的传输参数，并通过研究温室作物对曝气滴灌的响应进行验证，这对应用曝气灌溉、改变传统灌溉模式，具有重要的指导意义。

1.2　国内外研究进展

1.2.1　土壤导气率测定方法研究进展

土壤导气率是指单位面积单位时间上土壤通过的气体数量，通常采用稳态土壤导气率测算模型或瞬态土壤导气率测算模型进行测定。在这两种方法的基础上，根据测量过程中气体运动边界条件，又可分为一维和三维两种不同的测量方式。此外还包括仪器法测量，以及基于土壤含气量的土壤导气率预测模型。

国内外学者提出不同的土壤导气率测定模型与方法。根据模型供气方式不同分为两类：稳态法和瞬态法。传统土壤导气率测量方法多为稳态法：在研究土体的一端持续施加稳定气压，然后测量通过土体的空气数量，根据土壤空气对流方程得出土壤导气率（Springer et al.，1988；Tjalfe and Moldrup，2007）。Kirkham（1946）首次提出瞬态土壤导气率测定模型，并在假设空气不可压缩的情况下分析了未扰动土壤导气率。Smith 等（1997）提出环境温度对瞬态模型测定结果有影响。Li 等（2004）在室内利用降压法测量沥青导气率，提出沥青导气率测定模型与方法，属于典型瞬态模型，该方法无须测量通过沥青的空气数量，并默认空气是可压缩的，经试验验证，其实验模型仅能测定出沥青等透气性差的物质的导气率。瞬态模型优势是无须测量通过土样的空气数量，试验所需气体压力小，对土样扰动小，但计算稍复杂。根据测量过程中气体运动边界条件不同，分为一维和三维两种形式。一维测定方式通常为扰动土导气率测量，将待测土样处理后填装进土柱管测量；三维测量方式通常为原状土导气率测量，将测量仪器插入待测土样中测量。一维和三维测量方式通常又与稳态、瞬态法相结合，称一维或三维稳态法、一维或三维瞬态法。

关于土壤导气率，国外学者已经进行大量研究，目前国内相关研究比较少，仅有王卫华等（2008）撰写的相关文献可供参考。王卫华等（2008）研究原状土与扰动土导气率、导水率与含水率的关系，依据试验结果，土壤导气率总体表现为随着土壤含水率增加而呈现显著减少，并讨论了原状土与扰动土之间导气率、导水率存在明显差异的原因是扰动土土壤结构被破坏，从而改变了土壤孔隙状况；王卫华等（2008）在土壤导气率变化特征试验研究中，对土壤导气率影响因素进行分析，并对典型土壤导气率和导水率关系进行探讨；王卫华等（2009）研究长武地区土壤导气率及其与导水率的关系，认为含水率接近田间持水率时土壤导气率和饱和导水率之间存在对数线性关系，验证了通过测量导气率获得饱和导水率的可行性。该研究是基于测量仪器对导气率进行研究，该方法称为仪器法。其实验是利用土壤导气率测量仪测定土壤导气率。该仪器由主机和样本容器两部分组成。主机包括压力传感器、测量喉管、气泵及数据采集器。在测量过程中，空气由环刀自动流入仪器，并测量环刀内部与外部空气间的压力差，同时直接输出土壤导气率数值。该方法测量过程迅速，测量结果较准确，缺点是实验仪器很昂贵，需要电源，田间使用不便。

土壤导气率与土壤含气量之间存在密切的关系，Ball 等（1988）研究发现导气率与土壤空气体积含量之间存在下列关系式：

$$\log_{10}(k_a) = A\log_{10}(\varepsilon) + B \qquad (1.1)$$

式中，k_a 为土壤导气率；ε 是土壤空气体积含量；A 和 B 为定值。

Moldrup 等（1998）利用式（1.1）对黏土含量在 3%～24%的土样进行研究发现，当 b 取 Campbell 土壤水分特征曲线模型中对数关系土壤水分滞后曲线斜率的绝对值时，且 $A = H_1 b + B_2$、$B = \log_{10}\left[(k_a^* / (\varepsilon^*)^4)\right]$，上述模型导气率预测值最为准确，并建议 $H_1 = 0.25$、$B_2 = 1$。

由于土壤类型比较复杂，土壤质地差异较大，从砂性土到黏性土，土壤的机械组成影响着土壤导气率大小，因此基于土壤含气量建立的土壤导气率预测模型是否具有普适性还有待进一步验证。

1.2.2　水气耦合灌溉相关技术研究进展

1. 水气二相流滴灌管道传输及入渗机制研究

田间条件下均匀通气对维持作物均一生产非常重要。Goorahoo 等（2002）发现文丘里曝气灌溉对辣椒产量的影响主要集中在毛管的前 0～48 m 范围内，辣椒的产量和毛管长度间呈极显著的二次线性关系，而普通地下滴灌毛管距离与辣椒产量没有明显的关系。因此，他们认为水、气出流量不均匀是该现象出现的主要原因。Torabi

等（2013）从连接器类型、滴头流量、管道直径以及管道布置方式等方面分析了影响曝气滴灌中空气出流状况的因素，为曝气滴灌的应用做了铺垫。Bhattarai 等（2013）分析了滴灌管道中含氧水流的赋存状态，对曝气灌溉中氧气的流动有了直观的认识。张天举等（2007）研究了不同入口压力下灌溉毛管滴头沿程流量分布和水力损失，计算得出不同压力条件下滴灌毛管的均匀度。细微气泡具有较大的比表面，同时浮力较小，可以在滴灌管道中输送更远的距离。一种减小气泡直径的方法是向灌溉水中添加活性剂，可减小气泡表面张力并抑制气泡的聚合。Torabi 等（2014）将非离子活性剂加入灌溉水中，研究活性剂添加对系统出水均匀性和出气均匀性的影响，结果表明，无论是在末端开放滴灌系统还是末端封闭滴灌系统上，活性剂添加均能促进水气出流的均匀性。雷宏军等（2014a）研究了循环曝气条件下活性剂添加对滴灌系统水气传输的影响，研究发现，压力一定时，掺气比例随活性剂浓度升高而增加；活性剂的添加大大缩短了循环曝气时间；活性剂浓度及工作压力对氧传质系数分别起到了促进和抑制作用。Su 和 Midmore（2005）将 McWhorter 的水气二相流一维方程拓展到三维，针对点源和线源两种情形，提出了入渗条件下土壤水分运动的稳态和瞬态解，结果表明曝气地下滴灌下滴灌带两侧土壤水分具有非对称性分布特征；但他们只是进行了数值模拟，没有进行验证，模型的有效性以及所得结果的代表性有待进一步检验。

2. 微纳米气泡在农业领域的应用研究

微纳米气泡技术利用二相流体力学原理，让气液两个相体在高速旋转或真空吸附等情况下生成，实现了水体超增氧饱和状态。由于微纳米气泡具有尺寸小、比表面积大、吸附效率高、在水中上升速度慢等特点，特别适合于增氧灌溉水气高效传输。目前，国际上对微纳米气泡水在农业上的应用已有一些报道，但在国内尚属起步阶段。Zheng 等（2007）以高纯氧作为气源，利用 Seair 氧气扩散器制备了 3 个溶解氧（DO）梯度，即 20 mg/L、30 mg/L 和 40 mg/L，水培番茄 4 周发现，随着 DO 升高，植物株高显著增加，但根、茎、叶鲜重增加趋势不明显；30 mg/L 的 DO 值可能是番茄生长的上限浓度。Park 和 Kurata（2009）等采用微纳米气泡水水培生菜发现，曝气处理生菜鲜重和干重均显著增加；研究认为这一促进作用与微纳米氧气泡大的比表面积和负电荷特性有关。Ebina 等（2013）用氧气作为气源制备微纳米气泡水，发现纳米气泡的尺寸和浓度稳定持续时间达 70 天；纳米气泡水培大白菜 4 周发现，曝气处理极显著促进了株高、叶片长度和地上部鲜重。蒋程瑶等（2013）利用溶解氧浓度达 45 mg/L 增氧水处理叶菜种子，发现发芽率、发芽势及活力指数均比普通纯净水处理的种子有显著提高。刘俊杰等（2013）研究了微纳米气泡水对水培及基质栽培的生菜根系生长、经济产量具有明显的促进作用。吕梦华等（2014）以自来水为对照，在 20 mg/L 和 30 mg/L 两种溶解氧浓度下研究了微纳米气泡增氧水对水培白萝卜的生长发育影响，对部分品质指标也有明显的促进作用，且高溶解氧浓度的促进效果更加突出。

1.2.3 水气耦合灌溉相关生物与环境效应研究进展

1. 生物效应研究

关于曝气灌溉对作物生长影响的研究比较多。孙周平等（2006）的研究表明曝气灌溉能提高马铃薯等作物的产量和品质。陈新明等（2010）和葛彩莲等（2012）的研究指出曝气处理能提高作物水分生产率，增加作物产量，促进作物光合作用的进行，并且能提高果实糖含量。牛文全和郭超（2010）的研究揭示了根际土壤通气性对玉米生长的影响，结果表明，根际通气能促进玉米株高、茎粗的生长以及叶片叶绿素含量的积累。张文萍等（2013）的研究指出曝气灌溉可以促进根系的生长，提高根系活力。张璇等（2011）研究了盆栽番茄所需的最佳根际通气量，为曝气灌溉在实际中的应用提供了部分依据。陈红波等（2009）的研究认为向黄瓜培养基质中通气能使二氧化碳浓度降低 48.21%，氧气浓度提高 5.87%，基质中主要酶的活性也得到不同程度的提高。

关于这方面国外也有一些研究。Bhattarai 等（2005）研究了向缺氧环境下的作物加气对作物产量的加强情况。同时还从大豆和南瓜的水分利用系数以及根系分布等方面研究了作物对曝气灌溉的响应。通过采用 Mazzei 文丘里空气注射器，Goorahoo 等（2002）明确证实了曝气灌溉的好处，并提出了可行的方法。Bortolini（2005）通过地下施肥系统将空气注射到土壤中，研究了土壤通气对芦笋生长的影响，结果表明可提高芦笋产量。Vyrlas 和 Sakellariou（2005）利用地下滴灌系统向甜菜根际土壤中通入氧气，研究了根际加气对甜菜品质的影响，结果表明经过通气后的果实可溶性糖含量比不通气的高。向灌溉水流混入大量的细微气泡输送到植物根区，可有效缓解土壤缺氧状况，增强土壤脱氢酶类活性，促进植物生长、提高水分利用效率和作物品质。

2. 环境效应研究

土壤的质地、结构、有机质含量、松紧状况以及土壤水分含量等都对土壤通气性有着影响，而土壤通气性的好坏直接影响根系呼吸、土壤酶活性和土壤养分状况，通气性的好坏是衡量土壤肥力的重要指标之一。Niu 等（2012）的研究指出地下滴灌后立即向土壤中通气可以迅速提高土壤的渗透性，证明地下滴灌后加气能有效缓解土壤缺氧现象。他的另一研究表明灌后通气能改善土壤空气环境，增强作物的根系活力，促进作物生长（Niu et al., 2013）。李天来等（2009）的研究认为将含氧气体通入根区能促进基质气体中氧气体积分数增加和二氧化碳的体积分数减小，能够提高黄瓜根际土壤肥力。

而在国外，Khan（2001）、Gibbs 等（2001）及 Brzezinska 等（2001）学者研究了曝气对大麦、黑小麦等作物吸收氮素能力及脱氢酶活性的影响，发现经过曝气以后，作物对根区养分的吸收能力显著增强，脱氢酶活性也得到增强。Heuberger 等（1999）也研究了曝气处理对作物根际土壤酶活性的影响，结果表明，曝气对根区土壤酶活性有着显著的增强作用。Wolińska 和 Stpniewska（2013）则是研究了曝气过程对土壤通气性的影响程度。Dhungel 等（2012）进行了曝气灌溉对土壤环境的影响研究，证明曝气灌溉可以增强土壤呼吸，改善土壤的氧气环境，促进土壤微生物的活性，降低植株感染疫病的可能性。

1.3　主要研究内容和技术路线

国内外对曝气灌溉做了很多研究工作，涵盖了曝气灌溉基础研究、曝气技术研究和曝气灌溉应用研究等多个方面。曝气灌溉水气二相流在滴灌系统中的水力传输特性、水气二相流在土壤中输移机制以及土壤-植物系统对土壤通气性改善的响应是曝气灌溉研究中的关键科学问题。纵观国内外相关文献，该方面的研究报道很少。

本研究以曝气灌溉技术为研究对象，以土壤水气高效调控为切入点，以作物增产、水分高效利用为导向，探究循环曝气滴灌系统水气传输特性和调控机制（图 1.1）。主要内容包括：

（1）对不同导气率测量方法进行对比研究；以土壤导气率作为土壤通气性改善效应的评价指标。进行一维稳态和瞬态的导气率测量试验；对影响土壤导气率特性的相关因素进行试验研究，验证棕壤土土壤导气率与导水率的关系；对三维瞬态导气率测定模型精度进行验证，获取三维稳态导气率相关试验数据。

（2）运用循环曝气装置，研究不同工作压力及不同表面活性剂添加量等因素组合对循环曝气掺气比、滴灌带水气传输均匀性以及氧气传质系数的影响；研究循环曝气条件下水-气在管道中传输特性及影响因素。

（3）以不曝气灌溉处理为对照，以河南省典型作物为供试作物，采用河南省不同地区的典型土壤进行曝气灌溉生物试验。通过设置不同的掺气比例，研究曝气灌溉条件下作物根际环境变化，通过对土壤含水率等根际环境敏感因子，株高茎粗、气孔导度等作物生长关键指标以及维生素 C 含量、糖酸比等作物果实关键参数的监测与相关关系分析，揭示曝气灌溉条件下作物对根际环境变化的响应。

（4）以不曝气灌溉作为对照处理，以菠萝、小麦和棉花为供试作物，研究不同曝气技术下土壤环境的变化，通过对土壤水分、土壤活力、土壤密实度以及土壤呼吸等土壤环境因子的监测及相关性分析，研究曝气灌溉条件下土壤环境的变化。

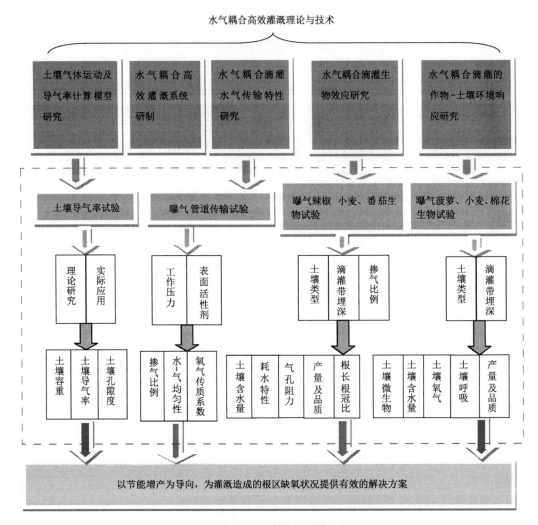

图 1.1   研究技术路线

1.4   主要研究成果

近年来，经过中澳各方的努力，对水气耦合灌溉进行了多方面的研究，取得了许多重要的成果。

雷宏军、徐建新和张振华对土壤导气率和曝气灌溉系统等方面进行了研究，取得了 4 项专利（雷宏军等，2015；雷宏军和张振华，2013；徐建新等，2013；张振华等，2014），为水气耦合灌溉的研究奠定了坚实的基础。

张振华带领其研究团队对土壤导气率方面进行了长时间的研究，以通气对土壤导气率的影响为基础（郭庆等，2010），对河南省不同地区土壤的导气性能（王德胜等，2015）、土壤质地对导气率的影响（朱敏等，2013）、土壤导气率计算模型（李陆生等，2011，2012a，2012b，2012c）等方面进行了全面的研究，探求土壤通气性改善效应的评估指标，以期为水气耦合灌溉提供基础理论支撑。

雷宏军等（2013，2014b，2015）从水气耦合灌溉水气两相流的传输特性（雷宏军等，2014a）以及水气耦合灌溉对作物的影响等方面着手，对水气耦合灌溉传输过程和水气耦合滴灌生物效应进行了研究，明确了不同作物及土壤条件下生长、生理响应及对产量、果实品质的改善效应，为水气耦合灌溉的应用提供技术支撑和理论指导。

通过研究曝气灌溉在不同土壤、不同作物条件下土壤理化特性、土壤微生物过程和根腐病影响效果及对作物产量与品质的影响（Bhattarai and Midmore，2009；Chen et al.，2011；Dhungel et al.，2012；Pendergast et al.，2013），探明了水气耦合灌溉的水分高效利用的作用机制，以期直接服务于农业实践。

第 2 章　土壤气体运动及导气率计算模型研究

2.1　土壤中气体运动的研究概述

土壤时刻与外界进行能量与物质的交换，土壤内部空气也在不停地运动，并不断地与外界大气进行着交换。交换的物理机制包括两种：气体的对流和扩散（邵明安等，2006），其中以气体扩散为主。

2.1.1　土壤气体相关参数的定义

土壤空气渗透性是指土壤气体透过土体的能力，是反映土壤特性对土壤空气更新速率的综合性影响指标。

土壤含气量通常是指单位土体所含的空气体积的数量。由于土壤中含气量难以直接测定，通常通过测量土壤的含水量和土壤总孔隙度来间接计算土壤的含气量。

土壤导气率是指单位面积单位时间上土壤通过的气体数量。通常采用稳态法和瞬态法测量土壤导气率。

2.1.2　土壤中的气体对流

对流，又称为质流，是指土壤中空气与大气之间的由压力梯度而推动的气体的整体流动。气体的流动，与土壤中水流有某些相似之处，两者都是通量与压力梯度成正比。因此，气体对流可以用描述土壤水分运动的达西定律来表示：

$$J_{c} = -K_{a}\frac{\mathrm{d}p}{\mathrm{d}z}$$

（2.1）

式中，J_{c} 为空气通量；p 为空气压力；K_{a} 为导气率；z 为坐标。

土壤导气率是土壤透气率与空气黏滞度之间的关系函数，而土壤透气率与土壤孔隙结构、空气含量和空气密度有关。式（2.1）描述了以质量为单位的对流通量方程，换算为体积通量方程则为

$$J_{c} = -\rho K_{a}\frac{\mathrm{d}p}{\mathrm{d}z}$$

（2.2）

式中，ρ 为土壤空气密度。

理想气体的空气密度与温度气体有关，所以：

$$\rho = \frac{mp}{RT} \tag{2.3}$$

式中，R 为热力学常数；T 为温度；m 是空气分子质量。

因此，将式（2.2）与式（2.3）联合就可以得到土壤空气对流通量方程：

$$J_c = -(\frac{mp}{RT})K_a \frac{dp}{dz} \tag{2.4}$$

式中，m 为空气分子质量；p 为空气压力；R 为热力学常数；T 为温度；K_a 为导气率；z 为坐标。

由式（2.4）可知，土壤空气对流受温度、气压差和土壤的充气孔隙状况影响，自然界其他因素也可以通过影响温度、气压和土壤的充气孔隙状况影响土壤空气对流作用，如土体温度高于气温，土体内部空气受热膨胀被排出土壤。气压低时，大气的质量减小，土壤空气也被排出。灌水或降水使土壤中的孔隙被水填充，而土体内部分空气也被排出土体。反之，当土壤中水分减少时，大气中的空气又会进入土体的孔隙内。在水分入渗时，土壤排出的空气数量多，但当暴雨或大水漫灌时，会有部分土壤中的空气来不及排出而密封在土壤中，这种被封闭的空气往往阻碍水分的运动。

2.1.3　土壤中的气体扩散

扩散是气体交换的主要方式，是指气体分子由高浓度处向低浓度处的移动。土壤中的气体可以以气态形式扩散，也可以以液态形式扩散。

土壤中的气体扩散过程可以用菲克（Fick）定律表示：

$$q = -D_s \frac{d_c}{d_x} \tag{2.5}$$

式中，q 为扩散通量（单位时间通过单位面积扩散的质量）；D_s 为气体在该介质（土壤）中的扩散系数，具体代表气体在单位分压梯度下（或单位浓度梯度下），单位时间通过单位面积土体剖面的气体量；c 为某种气体（O_2 或 CO_2）的浓度（单位容积扩散物质的质量）；x 为扩散距离；d_c/d_x 为浓度梯度。

由于土壤是一个多孔体，它的剖面上能供气体分子扩散的孔隙只能是未被土壤中水分占据的这一部分，而且土壤中孔隙较曲折且粗细不等，因此气体分子扩散路径的长度必然远大于土层厚度，因此气体在土壤中的扩散系数 D_s 明显小于其在空气中的扩散系数 D_0，其具体数值因土壤的含水量、质地、结构、松紧程度等状况不同而异。例如，含水量高时，有效的扩散孔道少，D_s 值就小；砂土、疏松的土壤和有团粒结构的土壤 D_s 值高于黏土，通气就容易。对于同一土壤，在同等条件下，不同气体的扩散系数也是不同的，如 O_2 的扩散系数比 CO_2 约大 1.25 倍。不同压力和温度下的气体扩散系数变化也较大。

在日常应用中，常利用土壤孔隙弯曲系数 ξ_g 对大气扩散系数进行校正，从而得到土壤空气扩散通量方程：

$$J_g = -\xi_g D_g^a \frac{\partial C_g}{\partial z} = -D_g^s \frac{\partial C_g}{\partial z} \tag{2.6}$$

式中，$D_g^s = -\xi_g D_g^a$ 为土壤气体扩散率；J_g 为空气扩散通量；D_g^a 为空气扩散率；C_g 为单位体积的土壤空气浓度；z 为坐标。

日常应用中常将弯曲系数 ξ_g 和土壤空气含量 a 之间建立关系，以便于分析弯曲系数变化特征。Buckinghan 在 1904 年提出的方程为 $\xi_g = \varepsilon a$，其中 ε 为一个常数。Penman（1940）经过试验，建取 0.66 作为 ε 的平均值。因而得到 Penman 弯曲模型为

$$\xi_g = 0.66a \tag{2.7}$$

上述推导的弯曲系数 ξ_g 和土壤空气含量 a 之间的关系式是建议在风干土壤的情况下，两者关系在原状土中更为复杂。

Currie（1961）等研究了结构土壤弯曲系数，并得到下列关系式：

$$\xi_g = \frac{a}{1 + (k-1)(1-a)} \tag{2.8}$$

式中，k 为常数。

Moldrup 等（2001）提出一个描述原状土弯曲系数的关系式：

$$\xi_g = (2a_{100}^3 + 0.44a_{100})\left(\frac{a}{a_{100}}\right)^{2+\frac{3}{b}} \tag{2.9}$$

式中，a_{100} 为 100 cm 深度的空气含量；b 为参数，是基质势与对数土壤含水率的导数。该式可用于描述原状土中水分含量范围内的气体弯曲因素。

2.2 土壤导气率测量方法与计算模型研究

2.2.1 研究内容

本节旨在目前研究基础上，对不同导气率测量方法进行对比，对已有的一维瞬态导气率测定模型计算过程进行简化，提高其应用性。并根据长度等效原理提出三维瞬态导气率测定新模型，并利用三维稳态模型在不同土质下对其测量精度进行检验。同时，对影响土壤导气特性的相关因素展开研究，分析不同含水量、容重、孔隙度，以及不同土地利用类型对其的影响，研究地下滴灌后水分再分布和人工通气对湿润体土壤导气率的影响，为如何改善地下滴灌湿润体土壤导气率提供理论依据。

2.2.2 试验概况

烟台试验在烟台农业科学研究院苹果园和鲁东大学试验田中进行。该苹果园位于 121°19′E，37°22′N，海拔为 23 m，果树东西株距约 5 m，南北株距约 10 m，果园面积为 9000 m^2（刘继龙等，2007）。鲁东大学试验田中种植黄瓜、番茄等经济作物，地势较平坦。

杨陵试验在西北农林科技大学灌溉试验站小麦田中进行。该灌溉站位于黄土高原南部旱作区，位于渭河三级阶地，海拔 520 m 左右，年均温度为 12.9℃，多年平均降水量 635.1 mm，年均蒸发量 1440 mm，属暖温带季风半湿润气候区（张西平等，2010）。作物轮作方式主要为冬小麦-夏玉米，供试土壤为塿土。

河南试验用的土壤样品取自洛阳、郑州、南阳、鹤壁和驻马店 5 地，土样均采自地表 0～50 cm 土层。土样在实验室内自然风干后，磨碎，过 2 mm 孔径的土筛。用 Mastersizer 2000F 激光粒度仪测定 5 种土壤机械组成，根据中国土壤质地分类标准，取自洛阳、南阳、驻马店的土样均属于壤土粉土，郑州和鹤壁的土样均属于壤土砂粉土。

2.2.3 土壤导气率测定模型

本研究试验采用稳态和瞬态两种导气率测量模型测量土壤导气率。具体包括一维稳态导气率测定模型、三维稳态导气率测定模型、一维瞬态导气率测定模型及三维导气率测定模型。

1. 稳态导气率测定模型测定土壤导气率

稳态法试验装置分为供气装置和测量装置。供气装置为空气压缩机，通过压缩机将空气储存在储气瓶中，以供应试验所需空气。压缩机上连有减压阀，用于调节空气压缩机输出气压大小，将气压控制在试验所需范围之内。此外，还有控制输出气体流速的流量计，使输出气体保持在一定速率，方便试验记录。测量装置包括两端开口土柱管，用插有两导气管的橡皮塞密封其上端，两导气管连上导气软管并分别连接至气体流量计和 U 形管压力计，形成土壤气体运动测量仪。

根据测量过程气体边界条件不同，稳态导气率测定模型又分为一维稳态导气率测定模型和三维稳态导气率测定模型。其中将待测土样从土壤中取出测量称为一维稳态导气率测定模型；原地直接将土柱管插入土样对其导气率进行测量的称为三维稳态导气率测定模型。两种装置图如图 2.1 和图 2.2 所示。

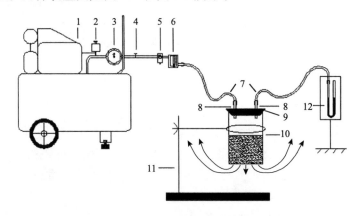

图 2.1　一维稳态法试验装置

1. 空气压缩机；2. 压缩机充电开关；3. 储气瓶压力指示表；4. 储气瓶阀门；5. 减压阀；6. 气体流量计；
7. 导气软管；8. 导气管；9. 橡皮塞；10. 土柱管；11. 铁架台；12. U 形管压力计

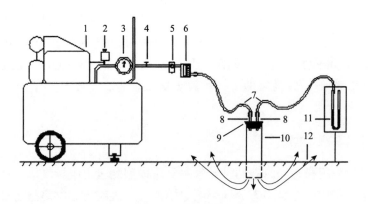

图 2.2　三维稳态试验装置

1. 空气压缩机；2. 压缩机充电开关；3. 储气瓶压力指示表；4. 储气瓶阀门；5. 减压阀；6. 气体流量计；7. 导气软管；
8. 导气管；9. 橡皮塞；10. 土柱管；11. U 形管压力计；12. 土壤表面

2. 瞬态导气率测定模型测定土壤导气率

与稳态模型分类一样，根据测量过程气体边界条件不同，瞬态导气率测定模型同样分为一维瞬态导气率测定模型和三维瞬态导气率测定模型。

瞬态法装置包括：打气筒、储气筒（体积 0.189 m³）、两端开口土柱管（管口直径 0.042 m）、橡皮塞、U 形管压力计、气门嘴、导气软管、导气管、秒表等装置。各装置作用如下：秒表，用于记录 U 形管压力计高度差变化的时间；打气筒，用于提供气体压力；储气筒，用来减缓 U 形管压力计水柱的下降速度，方便读数；两端开口的土柱管，用于盛装土壤样品；橡皮塞，用于密封住土柱管上部；U 形管压力计，用于确定土柱管内压力；导气软管用于连接各个实验仪器设备；导气管，插于橡皮塞上，用于导气；气门嘴，防止储气筒中气体回流。

试验时在土柱管外侧垂直方向贴上标签，方便读取土柱管插入土样的深度。土柱管上端用插有两个导气管的橡皮塞密封，两导气管连上导气软管并分别连接储气筒和U 形管压力计。U 形管压力计用于确定土柱管内密闭空间气体压力大小。向 U 形管压力计中注入一定量的纯净水，使液面两端无高度差，并在测量零点处，保持 U 形管支架与地面垂直。试验时确保各个仪器密封性良好。两种装置图如图 2.3 和图 2.4 所示。

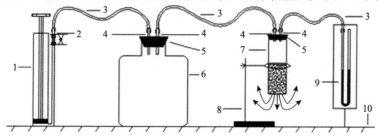

图 2.3　一维瞬态法试验装置

1. 打气筒；2. 气门嘴；3. 导气软管；4. 导气管；5. 橡皮塞；6. 储气筒；7. 土柱管；8. 铁架台；9. U 形管压力计；10. 地表

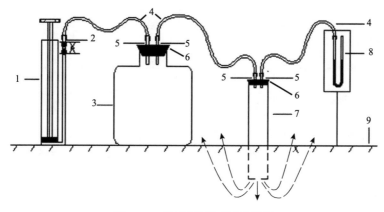

图 2.4　三维瞬态模型试验装置

1. 打气筒；2. 气门嘴；3. 储气筒；4. 导气软管；5. 导气管；6. 橡皮塞；7. 两端开口的土柱管；8. U 形管压力计；9. 地表

2.2.4　试验设计

1. 供试土壤

试验供试土壤分为室外土样和室内土样。

室外试验用土取自西北农林科技大学农业灌溉站小麦田和烟台农业科学研究院苹果园，用于三维瞬态土壤导气率经验公式与三维稳态土壤导气率测算模型对比分析，以及检验本研究提出的三维瞬态土壤导气率测算模型精度和验证瞬态三维边界条件下土柱管中密闭气体压力及其对数值随时间变化的变化关系，其中农科院苹果园土样还用于建立基于导气率预测饱和导水率的关系式，为野外快速、准确地评估饱和导水率的量级提供参考。灌溉站供试土壤为𫮃土，试验时土壤表层体积含水率为 0.275～0.292，平均干容重为 1.592 g/cm³。水平方向上以 20 cm 为间隔在小麦地田垄确定 45 个试验样点。烟台农业科学研究院苹果园，试验时土壤表层体积含水率为 0.312～0.341，平均干容重为 1.647g/cm³。以东西方向每隔 3 m 为间隔，每行取 25 个样点；南北方向每隔 1.5 m 取样，每行取 35 个样点，共确定 60 个试验样点，两种试验土样经自然风干后过 2 mm 孔径的土筛。农业科学研究院共取 60 组土样，土样经自然风干，过 2 mm 孔径的土筛后采用烘干法测量含水率，其质量含水率均在 7%以下，结果如表 2.1 所示。

表 2.1　供试土壤质地

供试土样	粒径组成/ %			土壤类型
	＜0.002mm	0.002～0.05mm	0.05～1mm	
杨陵小麦地	10.32	60.61	18.98	粉砂质壤土
烟台苹果园	15.51	51.56	20.76	粉砂质黏壤
洛阳红黏土	12.628	57.391	9.427	粉土
南阳黄褐土	14.362	58.099	3.052	粉土
驻马店砂浆黑土	14.078	55.942	8.196	粉土
郑州潮土	5.882	40.804	43.740	砂粉土
鹤壁褐土	6.880	53.199	28.438	砂粉土

2. 土壤导气率测量

土壤导气率测量分为室内测量和室外测量两部分。室内对比分析一维瞬态土壤导气率测算模型及其近似解、室内对比分析一维稳态土壤导气率测定模型和一维瞬态土壤导气率测定模型等 4 个试验利用一维瞬态和一维稳态土壤导气率测算模型，采用室外采样室内测量的方法。

利用稳态法测量土壤导气率：连接好稳态法供气装置与测量装置，确保减压阀和气体流量计等各部件正常工作。检查导气软管各接口是否漏气。将事先充满气的储气瓶阀门打开，调节减压阀把输出气体气压控制在适当范围，调节气体流量计，使输出的气体在一定速率下通过测量仪，当土壤气体传导速率稳定时，通过 U 形管两侧水柱高度差读出测量仪内封闭气体压强值，记录气体流量计读数和 U 形管两侧水柱高度差。

利用瞬态法测量土壤导气率：用导气软管连接三维瞬态模型所需仪器设备，将气门嘴与打气筒连接，打气筒打气，压迫空气通过气门嘴后进入储气筒，气门嘴用于防止空气回流，储气筒内空气再通过导气软管进入土柱管中，此时管中气体只能通过土样向外溢出。U 形管压力计产生高度差。当 U 形管压力计水柱高度差略高于预定值后停止打气，U 形管水柱高度差开始减小，到预定值时用秒表计时。直到 U 形管压力计水柱无高度差时停止计时，记录土柱管中土样密封端压力变化所需时间。

3. 棕壤土导水导气试验

烟台棕壤土导水导气试验所测量的含水量为田间持水量条件下的烟台棕壤土导气率，同时测量饱和导水率，建立导气率与饱和导水率之间的对数关系。导气率采用三维瞬态导气率测定模型测量。

2.2.5　试验原理

为了分析土壤导气率的影响因素，利用环刀从田间取样，将样品带回室内进行分析，利用一维瞬态土壤导气率测量模型测定导气率，建立土样导气率与饱和导水率之间的关系，讨论基于导气率预测饱和导水率方法的可行性与实用性。

1. 一维瞬态土壤导气率测定模型原理

假设土壤是恒温的，如果不考虑重力因素，通常认为通过土样的气体运动过程是一维的，因此瞬态法导气率公式可以用 Li 等（2004）土壤导气率瞬态公式描述。

导气率测定模型利用被测样品密封段压力动态变化，记录并分析样品密封段压力随时间变化的变化关系，再根据相关模型计算得出样品导气率。该导气率测定模型中压力变化与时间之间的关系理论分析是基于扩展的达西定律气体运动方程和理想的气体流动定律。

对于土样中一维气体运动可以用达西定律的气体运动方程表示（Stonestrom and Rubin，1989）：

$$q(z,t) = -\frac{k}{\mu} \times \frac{\partial P_{smpl}}{\partial z} \tag{2.10}$$

式中，$q(z,t)$ 为单位时间 t 内通过高度为 z 的样品的气体流量（m/s）；k 为导气率（m²）；

μ 为干空气黏滞系数（Pa·s）；P_{smpl} 为样品表面的大气压力（Pa）；z 为样品高度（m）。

对于理想的气体运动规律，有如下公式（Baehr and Hult，1991）：

$$p = \frac{wP_{smpl}}{RT} \tag{2.11}$$

式中，p（z，t）为空气密度（g/cm³）；w 为空气分子质量（g/mol）；T 为环境温度（K）；R 为气体常数（J/(mol·K)）。

大部分气体通过样品的时间在[t，t+dt]之间，因此通过土样的气体体积与逸出的气体体积相等，得到下列公式：

$$AP(0,t)q(0,t)\mathrm{d}t = -v\mathrm{d}p(0,t) \tag{2.12}$$

式中，A 为盛装样品的土柱管横截面面积(m²)；v 为土柱管中除了样品外的气体体积(m³)。

将式（2.10）和式（2.11）代入式（2.12）得到土柱管中压力随着时间变化的变化函数：

$$\frac{Ak}{2v\mu} \times \frac{2P^2_{smpl}}{\partial z}\bigg|_{z=0} = \frac{\mathrm{d}p}{\mathrm{d}t} \tag{2.13}$$

式中，A 为盛装样品的土柱管横截面面积（m²）；v 为土柱管中除样品外的气体体积（m³）；P_{smpl} 为土样表面的大气压力（Pa）；z 为样品高度（m）；μ、k 意义同上。

Baehr 和 Hult（1991）在忽略重力影响、室温恒定时，提出一维空气垂直扩散率公式：

$$\frac{P_{m}}{P_{smpl}} \times \frac{n_{a}}{P_{m}} \times \frac{\partial P^2_{smpl}}{\partial z} = \frac{k}{\mu} \times \frac{\partial^2 P^2_{smpl}}{\partial z^2} \tag{2.14}$$

式中，n_{a} 为样品中空气所填占的孔隙率（%）；P_{m} 为试验时土柱管中压力动态变化（Pa）；P_{smpl} 为样品表面的大气压力（Pa）；z 为样品高度（m）；μ 为干空气黏滞系数（Pa·s）；k 为土壤导气率（m²）。

由于 Baehr 和 Hult（1991）试验时提供的压力 P_{m} 变化幅度较小，与样品表面的大气压力差异不大，因此式（2.14）中 P_{m}/P_{smpl} 值约等于 1，简化后公式计算误差范围小于 1.5%，得到下列公式（Shan，1995）：

$$\frac{n_{\mathrm{a}}}{P_{\mathrm{m}}} \times \frac{\partial P^2_{\mathrm{smpl}}}{\partial z} = \frac{k}{\mu} \times \frac{\partial^2 P^2_{\mathrm{smpl}}}{\partial z^2}, 0 < z < Z \qquad (2.15)$$

式中：n_{a} 为样品中空气所填占的孔隙率（%）；P_{m} 为试验时土柱管中压力动态变化（Pa）；P_{smpl} 为样品表面的大气压力（Pa）；z 为样品高度（m）；Z 为样品下边界高度（m）；μ 为干空气黏滞系数（Pa·s）；k 为土壤导气率（m^2）。

在样品的顶部与底部，样品表面压强 P_{smpl}（z，t）满足下列条件：

$$P^2_{\mathrm{smpl}}(z,t)\big|_{z=0} = P^2(t) \qquad (2.16)$$

$$P^2_{\mathrm{smpl}}(z,t)\big|_{z=Z} = P^2_{\mathrm{atm}} \qquad (2.17)$$

用参数（0，ξ）表示式（2.15）中的样品高度 z，在满足式（2.16）、式（2.17）基础上得到

$$\frac{\partial P^2_{\mathrm{smpl}}}{\partial z}\bigg|_{z=0} = \frac{P^2_{\mathrm{atm}} - P^2(t)}{z}(1-\varepsilon) \qquad (2.18)$$

$$\varepsilon = \frac{1}{P^2_{\mathrm{atm}} - P^2(t)} \times \frac{n_{\mathrm{a}}u}{kP_{\mathrm{m}}} \int_0^z \left[\int_0^{\xi} \frac{\partial P^2_{\mathrm{smpl}}}{\partial t}(z,t)\mathrm{d}z \right] \mathrm{d}\xi \qquad (2.19)$$

对式（2.15）时间 t 求导，用 $\varphi(z,t)$ 表示 $\dfrac{\partial P^2_{\mathrm{smpl}}}{\partial z}$，得到下列公式：

$$\frac{n_a}{P_{\mathrm{m}}} \times \frac{\partial \varphi}{\partial t} = \frac{k}{u} \times \frac{\partial^2 \varphi}{\partial z^2}, 0 < z < Z \qquad (2.20)$$

式（2.16）和式（2.17）中可以得到 φ 的范围大致在

$$\varphi\big|_{z=0} = \frac{\mathrm{d}p^2}{\mathrm{d}t} \qquad \varphi\big|_{z=z} = 0 \qquad (2.21)$$

试验初始时间为 t_0，开始向土柱管内打气，初始时间 t_0 时土柱管中压力为大气压，此时：

$$\varphi(z,t)\big|_{t=t_0} = 0 \qquad (2.22)$$

从式（2.15）至式（2.17）中可以得到

$$\left| \varphi(z,t) \right| = \left| \frac{\partial P^2_{smpl}}{\partial z} \right| \leqslant \left| \frac{\mathrm{d}p}{\mathrm{d}t} \right| = 2 \left| p \frac{\mathrm{d}p}{\mathrm{d}t} \right| \tag{2.23}$$

将式（2.23）代入式（2.19）得到

$$\left| \varepsilon \right| \leqslant \frac{n_a u z^2}{k P_m} \times \frac{p(t)}{p^2(t) - p^2_{atm}} \times \left| \frac{\mathrm{d}p}{\mathrm{d}t} \right| \frac{\mathrm{def}}{\mathrm{d}\delta} \tag{2.24}$$

若 $\delta \ll 1$，则式（2.18）可以简化为

$$\frac{\partial P^2_{smpl}}{\partial z} \bigg|_{z=0} \approx \frac{P^2_{atm} - P^2(t)}{z} \tag{2.25}$$

将式（2.25）代入式（2.15），得到下列公式：

$$\frac{Ak}{VZ\mu} \mathrm{d}t = \frac{2\mathrm{d}p}{(p_{atm} + p)(p_{atm} - p)} \tag{2.26}$$

对式（2.26）积分得到如下公式：当被测土样密封端压力变化所需的时间从 0 到 t 时，

$$\ln \left[c \frac{p(t) - P_{atm}}{p(t) + P_{atm}} \right] = -\frac{A P_{atm} k}{VZ\mu} \times t \tag{2.27}$$

式中，k 为土壤导气率（m²）；P_{atm} 为土样表面的大气压值（Pa）；A 为土柱管管口横截面面积（m²）；Z 为土柱管中土壤样品高度（m）；μ 为干空气黏滞系数（Pa·s）；V 为土柱管中样品体积与储气筒体积之和（m³）；$p(t)$ 为 t 时间对应 U 形管压力计的高度差（m）。

$\ln \left[c \dfrac{p(t) - P_{atm}}{p(t) + P_{atm}} \right]$ 中 c 常数用如下公式计算：

$$c = \frac{p(0) + P_{atm}}{p(0) - P_{atm}} \tag{2.28}$$

式中，$p(0)$ 为 U 形管初始压力差（Pa）。

$\ln\left[c\dfrac{p(t)-P_{\text{atm}}}{p(t)+P_{\text{atm}}}\right]$ 值大小取决于时间 t，用斜率 s 表示 $\ln\left[c\dfrac{p(t)-P_{\text{atm}}}{p(t)+P_{\text{atm}}}\right]$ 与时间 t 的关系。

将斜率 s 代入式（2.27）中得到瞬态法一维土壤导气率计算公式：

$$k=-\frac{VZ\mu s}{AP_{\text{atm}}} \tag{2.29}$$

式中，k 为土壤导气率（m^2）；P_{atm} 为土样表面大气压值（Pa）；A 为土柱管管口横截面面积（m^2）；Z 为土柱管中土壤样品高度（m）；μ 为干空气黏滞系数（Pa·s）；V 为土柱管中样品体积与储气筒体积之和（m^3）；s 为 $\ln\left[c\dfrac{p(t)-P_{\text{atm}}}{p(t)+P_{\text{atm}}}\right]$ 与时间 t 的斜率（s^{-1}）。

干空气的黏滞系数 μ 一般受温度影响较大（Mason and Monchick，1965），估计值约为

$$\mu（\text{Pa·s}）=（1717+4.8T）\times10^{-8} \tag{2.30}$$

Li Hailong 导气率测定模型中参数 s 计算过程较麻烦（Li et al.，2004），影响模型应用，对参数 s 进行简化可以方便模型应用。

s 是 $\ln\left[c\dfrac{p(t)-P_{\text{atm}}}{p(t)+P_{\text{atm}}}\right]$ 与时间 t 的线性关系，即为 $\ln\left[\dfrac{P(0)+P_{\text{atm}}}{P(0)-P_{\text{atm}}}\times\dfrac{p(t)-P_{\text{atm}}}{p(t)+P_{\text{atm}}}\right]\sim t$ 的关系。

在试验过程中 P_{atm} 是定值，一般取 101.3 kPa，$P(0)$ 为土柱管中封闭气体的初始压力，其范围通常为 20～50 cmH$_2$O 即 1.96～4.90 kPa。

由于试验时提供的气压通常从 1.96～4.90 kPa 一直下降为 0 kPa，相对于大气压 101.3 kPa 较小，因此可以认为整个试验过程中土柱管中压力变化幅度较小：

$$P(0)+P_{\text{atm}}\approx p(t)+P_{\text{atm}} \tag{2.31}$$

进而得出斜率 s 为 $\ln\left[\dfrac{p(t)-P_{\text{atm}}}{P(0)-P_{\text{atm}}}\right]\sim t$ 的关系，简化为 $\ln\left[\dfrac{p(t)-P_{\text{atm}}}{\Delta P(0)}\right]\sim t$ 的关系，

即 $\ln\left[p(t)-P_{\text{atm}}\right]-\ln\Delta P(0)\sim t$ 的关系。

考虑到在试验过程中 P_{atm} 和 $P(0)$ 是定值，$\ln\Delta p(0)$、$\ln P_{atm}$ 为定值，$\ln\left[p(t)-P_{atm}\right]$ 记作 $\ln\Delta p(t)$。上述关系进一步简化得到斜率 s 简化解为 $\ln\Delta p(t)\sim t$ 的关系。

根据上述关系每次试验时只需记录瞬态时间 t 对应的 U 形管压力计高度差即可得到斜率 s 简化解 s_0，相对于原模型参数 s，简化解 s_0 计算过程更为简便。

2. 一维瞬态土壤导气率测算模型及其近似解

Li 等（2014）利用样品密封端压力与时间的动态变化关系推导出沥青导气率计算公式，见式（2.2～2.23），该公式中压力变化与时间变化之间关系的理论分析是基于扩展的达西定律气体运动方程和理想的气体流动定律。

$$\ln\left[c\frac{p(t)-P_{atm}}{p(t)+P_{atm}}\right]=-\frac{AP_{atm}k}{VZ\mu}\times t \qquad (2.32)$$

式中，k 为导气率（m^2）；P_{atm} 为样品表面的大气压值（kPa）；A 为土柱管管口横截面面积（m^2）；Z 为土柱管中样品高度（m）；μ 为干空气动态黏滞系数（Pa·s）；V 为土柱管中样品体积与储气筒体积之和（m^3）；$p(t)$ 为 t 时间对应 U 形管压力计的高度差（m）。

式（2.32）中 $\ln\left[c\dfrac{p(t)-P_{atm}}{p(t)+P_{atm}}\right]$ 中 c 常数用如下公式计算：

$$c=\frac{P(0)+P_{atm}}{P(0)-P_{atm}} \qquad (2.33)$$

式中：$P(0)$ 为 U 形管初始压力差（kPa）。

$\ln\left[c\dfrac{p(t)-P_{atm}}{p(t)+P_{atm}}\right]$ 数值大小取决于瞬态时间 t，用参数 s 表示 $\ln\left[c\dfrac{p(t)-P_{atm}}{p(t)+P_{atm}}\right]$ 与时间 t 之间的线性关系。

将参数 s 代入式（2.32）中得到 Li 等（2004）一维瞬态导气率计算公式：

$$k=-\frac{VZ\mu s}{AP_{atm}} \qquad (2.34)$$

式中，k 为导气率（m^2）；P_{atm} 为样品表面大气压值（Pa）；A 为土柱管管口横截面面积（m^2）；Z 为土柱管中样品高度（m）；μ 为干空气动态黏滞系数（Pa·s）；V 为土柱管中除样品外体积与储气筒体积之和（m^3）；s 为 $\ln\left[c\dfrac{p(t)-P_{atm}}{p(t)+P_{atm}}\right]$ 与时间 t 之间的关系（s^{-1}）。

干空气动态黏滞系数 μ 一般受温度影响较大（Baehr and Hult，1991），估计值约为

$$\mu(Pa \cdot s) = \left(1717 + 4.8T\right) \times 10^{-8} \tag{2.35}$$

式中，T 为空气温度（℃）。

每次试验土柱管中样品高度 Z、土柱管中除样品外体积与储气筒体积之和 V 均相同，式（2.34）中土柱管管口横截面积 A、大气压值 P_{atm} 以及干空气的黏滞系数 μ 均固定，每次试验记录变化的只有时间 t。因此瞬态法测量土壤导气率核心是记录被测土柱管中土样密封端压力动态变化与时间 t 之间的关系，即参数 s 的测定。

Li Hailong 导气率测定模型中参数 s 计算过程较麻烦（Li et al.，2004），影响模型应用，对参数 s 进行简化可以方便模型应用。

s 是 $\ln\left[c\dfrac{p(t)-P_{atm}}{p(t)+P_{atm}}\right]$ 与时间 t 的线性关系，即为

$$\ln\left[\frac{P(0)+P_{atm}}{P(0)-P_{atm}} \times \frac{p(t)-P_{atm}}{p(t)+P_{atm}}\right]\sim t \text{ 的关系。}$$

在试验过程中 P_{atm} 是定值，一般取 101.3 kPa，$P(0)$ 为土柱管中封闭气体的初始压力，其范围通常为 20～50 cmH_2O 即 1.96～4.90 kPa。

由于试验时提供的气压通常从 1.96～4.90 kPa 一直下降为 0，相对于大气压 101.3 kPa 较小，因此可以认为整个试验过程中土柱管中压力变化幅度较小：

$$P(0) + P_{atm} \approx p(t) + P_{atm} \tag{2.36}$$

进而得出斜率 s 为 $\ln\left[\dfrac{p(t)-P_{atm}}{P(0)-P_{atm}} \times \dfrac{p(t)-P_{atm}}{P(0)+P_{atm}}\right]\sim t$ 的关系，简化为 $\ln\left[\dfrac{p(t)-P_{atm}}{\Delta P(0)}\right]\sim t$

的关系，即 $\ln\left[p(t)-P_{atm}\right] - \ln\Delta P(0)\sim t$ 的关系。

考虑到在试验过程中 P_{atm} 和 $P(0)$ 是定值，$\ln\Delta P(0)$、$\ln P_{atm}$ 为定值，$\ln\left[p(t)-P_{atm}\right]$ 记作 $\ln\Delta p(t)$。上述关系进一步简化得到斜率 s 简化解为 $\ln\Delta p(t)\sim t$ 的关系。

根据上述关系每次试验时只需记录瞬态时间 t 对应的 U 形管压力计高度差即可得到斜率 s 简化解 s_0，相对于原模型参数 s，简化解 s_0 计算过程更为简便。

3. 一维稳态土壤导气率测定模型原理

假设空气是不可压缩的，如果不考虑重力因素，低压低速情况下均质土壤的一维稳态土壤空气入渗模型可以用类似于描述土壤水分运动过程的达西定律（Shan et al., 1992）表示：

$$Q = \frac{kA}{\mu} \times \frac{\mathrm{d}p}{\mathrm{d}x} \qquad (2.37)$$

式中，Q 为气体传导速率（$m^3 \cdot s^{-1}$）；A 为土柱管的横截面面积（m^2）；μ 为干空气的黏滞系数（$Pa \cdot s$）；p 为测量仪内封闭气体压强值（Pa）；x 为样品高度（m）；k 为土壤导气率（m^2）。

在式（2.37）基础上变换得到一维稳态土壤导气率计算公式：

$$k = \frac{l \times \mu}{A} \times \frac{Q}{\Delta P} \qquad (2.38)$$

式中，k 为土壤导气率（m^2）；μ 为干空气黏滞系数；Q 为气体传导速率（m^3/s）；ΔP 为 U 形管高度差对应的压强值（Pa）；A 为土柱管横截面面积（m^2）；l 为样品高度（m）。

4. 三维瞬态导气率测算模型原理

Soltani 等（2009）基于达西定律提出低压低速状态下均质土壤的一维稳态导气率计算关系式。

$$k_a = \frac{\mu \times Z}{A} \times \frac{Q}{\Delta P} \qquad (2.39)$$

式中，A 为土柱管横截面积（m^2）；μ 为干空气的黏滞系数（$Pa \cdot s$）；Z 为土柱管中土样高度（m）；Q 为土壤气体传导速率（m^3/s）；ΔP 为土柱管内密闭空间气体的压强值（Pa）；k_a 为土壤导气率（m^2）。

Li 等（2004）结合达西定律气体运动方程和理想的气体流动定律推导出一维瞬态土壤导气率表达式：

$$k_a = -\frac{VZ\mu s}{AP_{\mathrm{atm}}} \qquad (2.40)$$

式中，k_a 为土壤导气率（m^2）；P_{atm} 为土样表面大气压值（Pa）；A 为土柱管管口横截面面

积（m^2）；Z 为土柱管中土壤样品高度（m）；μ 为干空气动态黏滞系数（Pa·s）；V 为

土柱管中除样品外体积与储气筒体积之和（m^3）；s 是式 $\ln\left[c\dfrac{p(t) - P_{atm}}{p(t) + P_{atm}} \right]$ 与时间 t 的斜率

（s^{-1}）。

Jalbert 和 Dane（2003）推导出三维稳态土壤导气率关系式：

$$k_{a} = \frac{\mu}{DG} \times \frac{Q}{\Delta P} \tag{2.41}$$

式中，μ 为干空气的动态黏滞系数（Pa·s）；D 为土柱管直径（m）；G 为土壤的形状系数；Q 为土壤气体传导速率（m^3/s）；ΔP 为土柱管内密闭空间气体的压强值（Pa）；k_{a} 为土壤导气率（m^2）。

考虑到一维和三维的差别，三维边界条件下气体通过的范围可以分解成两部分，从土壤表面到土柱管末端之间的部分可考虑为一维状态，设其长度为 Z，土柱管以外的气体经过的土体为另一部分，其范围很难精确判断，出流过程为典型的三维问题。为了使问题简化，将这一部分土体抽象为横截面面积为 A 而长度为 $Z^{\#}$ 的一维土柱，其对通过气流的影响和作用与土柱管以外气体经过部分的土体等效。在上述假设条件下，则可利用一维式（2.39）计算土壤的导气率：

$$k_{a} = \frac{\mu \times Z^{*}}{A} \times \frac{Q}{\Delta P} \tag{2.42}$$

$$Z^{*} = Z + Z^{\#} \tag{2.43}$$

式中，Z^{*} 为土壤等效长度；其他字母意义同上。

假设土壤为均质、各向同性的多孔介质，则三维条件下导气率测量值应与一维条件下测定值相等，即

$$k_{a} = \frac{\mu}{DG} \times \frac{Q_{s}}{\Delta P} = \frac{Z^{*}\mu Q_{s}}{A\Delta P} \tag{2.44}$$

由式（2.44）可得

$$Z^{*} = \frac{A}{DG} \tag{2.45}$$

式（2.45）即为三维边界条件下被测土壤的等效长度表达式，将式（2.45）代入式（2.40）。可得到瞬态三维边界条件下土壤导气率的计算模型：

$$k_{\mathrm{a}} = -\frac{V\mu S}{DGP_{\mathrm{atm}}} \quad\quad （2.46）$$

基于 Liang 等（1995）理论基础上得到形状系数 G 估计值为

$$G = (\frac{\pi}{4} + \frac{D}{H})(1 + \frac{D}{H})^{-1}\ln(1 + \frac{D}{H}) \quad\quad （2.47）$$

式中，D 为土柱管直径（m）；H 为土柱管插入土壤深度（m）。

将式（2.47）代入式（2.46）得到

$$k_{\mathrm{a}} = \frac{\mu}{D(\frac{\pi}{4} + \frac{D}{H})(1 + \frac{D}{H})^{-1}\ln(1 + \frac{D}{H})} \times \frac{Q}{\Delta P} \quad\quad （2.48）$$

$$k_{\mathrm{a}} = -\frac{\pi \times D \times (1 + \frac{D}{H})}{A \times (\pi + 4 \cdot \frac{D}{H})} \times \frac{\mu \times V \times s}{P_{\mathrm{atm}}} \quad\quad （2.49）$$

式中，D 为土柱管直径（m）；H 为土柱管插入土壤深度（m）；A 为土柱管的横截面面积（m^2）；μ 为干空气的动态黏滞系数（Pa·s）；V 为土柱管上端露出地表部分的体积与储气筒的体积之和（m^3）；s 为 $\ln\left[c\dfrac{p(t) - P_{\mathrm{atm}}}{p(t) + P_{\mathrm{atm}}}\right]$ 与时间 t 的斜率（s^{-1}）。

根据式（2.46），只需测定出以下参数即可得到 k_{a}：土柱管插入地下深度 H，土柱管直径 D，体积 V，斜率 s；μ 和 P_{atm} 是固定的。

5. 三维稳态导气率测算模型原理

假设空气是不可压缩的，如果不考虑重力因素，低压低速情况下均质土壤的一维稳态土壤空气入渗模型可以用类似于描述土壤水分运动过程的达西定律（Soltani et al.，2009）表示：

$$Q = \frac{kA}{\mu} \times \frac{\mathrm{d}p}{\mathrm{d}x} \quad\quad （2.50）$$

式中，Q 为气体传导速率（m^3/s）；A 为土柱管的横截面面积（m^2）；μ 为干空气的黏滞系数（Pa·s）；p 为测量仪内封闭气体压强值（Pa）；x 为样品高度（m）；k 为土壤导气率（m^2）。

在式（2.50）基础上变换得到一维稳态土壤导气率计算公式

$$k = \frac{Z \times \mu}{A} \times \frac{Q}{\Delta P} \qquad (2.51)$$

式中，k 为土壤导气率（m^2）；μ 为干空气黏滞系数；Q 为气体传导速率（m^3/s）；ΔP 为 U 形管高度差对应的压强值（Pa）；A 为土柱管横截面面积（m^2）；Z 为样品高度（m）。

该方法通常适用于室内土壤导气率的测量，如图 2.5 所示。

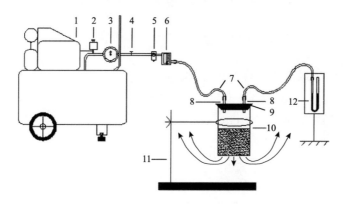

图 2.5　室内稳态导气率测量装置

1. 空气压缩机；2. 压缩机充电开关；3. 储气瓶压力指示表；4. 储气瓶阀门；5. 减压阀；6. 气体流量计；7. 导气软管；8. 导气管；9. 橡皮塞；10. 土柱管；11. 铁架台；12. U 形管压力计

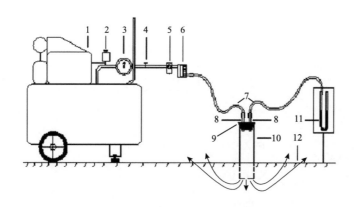

图 2.6　原位稳态导气率测量装置

1. 空气压缩机；2. 压缩机充电开关；3. 储气瓶压力指示表；4. 储气瓶阀门；5. 减压阀；6. 气体流量计；7. 导气软管；8. 导气管；9. 橡皮塞；10. 土柱管；11. U 形管压力计；12. 土壤表面

对于图 2.6 原位导气率测量，气体通过土样后为非一维入渗，对于该情况下导气率的测量，在式（2.51）基础上添加一个参数 Λ，得到

$$k = \Lambda \frac{Z \times \mu}{A} \times \frac{Q}{\Delta P} \qquad (2.52)$$

Λ 与土柱高度 Z 和土柱管直径 D 有关，Grover（1955）提出形状系数 G 的概念，并认为形状系数 G 为

$$G = \frac{0.25\pi D}{\Lambda Z} \qquad (2.53)$$

联合式（2.52）和式（2.53），可以得到下列等式

$$k = \frac{\mu}{DG} \times \frac{Q}{\Delta P} \qquad (2.54)$$

形状系数 G 同样取决于土柱高度 Z 和土柱管直径 D。

Grover（1955），Boedicker（1972），Liang 等（1995），以及 Jalbert 和 Dane（2003）对形状系数进行研究。Grover（1955）通过测量土柱管中样本导气率得到形状系数 G 与 $\frac{D}{H}$ 之间的关系。Boedicker（1972）使用 Grover（1955）提出的导气率计算模型，并提出更为准确的形状系数 G；Liang 等（1995）利用二维有限元气体流动模型对均质土样的导气率进行研究，并提出形状系数 G 测定公式；Jalbert 和 Dane（2003）在 Liang 研究基础上也利用二维有限元气体流动模型对形状系数 G 进行研究；Chief 等（2008）通过三维有限元模型对土样中的气体运动进行模拟运算，并验证了 Jalbert 和 Dane（2003）提出的形状系数 G 计算公式。以上学者提出的形状系数公式，如表 2.2 所示。

表 2.2　4 种不同的形状系数

文献引用	形状系数公式	适用范围
Grover（1955）	$G = 0.7579(D/H) - 0.1569(D/H)^2 + 0.0140$	$D/H < 2.5$
Boedicker（1972）	$G = 0.3761(D/H) - 0.0142(D/H)^2 + 0.1075$	$D/H < 2.5$
Liang 等（1995）	$G = 0.4862(D/H) - 0.0287(D/H)^2 + 0.1106$	$D/H < 2.5$
Jalbert 和 Dane（2003）	$G = (\frac{\pi}{4} + D/H)(1 + D/H)^{-1}\ln(1 + D/H)$	$D/H < 2.5$

2.2.6　测定方法

1. 土壤颗粒组成测定

试验土样经自然风干后过 2 mm 孔径的土筛，利用沉降法对土壤进行颗粒分析。

2. 土壤含水量测定

土壤含水量通过室内烘干法测定。

3. 土壤容重及孔隙度测定

土壤孔隙的大小、数量对土壤中水分运动有着重要的影响，而土壤孔隙往往通过土壤容重来表达。对于同一土壤而言，土壤容重增加，土壤的大孔隙将显著减小（容重对土壤饱和水分运动参数的影响）。土壤中的孔隙度一般通过测量土壤容重和土壤比重来间接计算得到。

$$容重 = \frac{干土重（g）}{体积（cm^3）} = \frac{g \times 100}{V \times (100 + W)} \tag{2.55}$$

式中，g 为环刀内湿样重（g）；V 为环刀内容积（cm^3）；W 为样品含水百分数。

本节采用比重瓶法测量土壤比重。将比重瓶加满水、擦干外部，称重为 A。将比重瓶中水分倒出约 1/3，将 10g 烘干后的土放入瓶中，将瓶子加满水。擦干称重为 B。10 克（干土重）+ A（比重瓶重+水重）- B（比重瓶重+10 g 干土重+排出 10 g 干土体积后的水重）= C（10 g 干土同体积的水重）。

$$比重 = \frac{10}{C} \tag{2.56}$$

$$土壤总孔隙度 = 100 \times (1 - \frac{容重}{比重}) \tag{2.57}$$

4. 土壤饱和含水量测定

土壤饱和含水量是指土壤中的孔隙全部都充满水时的含水量，它代表土壤最大的容水能力。由于土壤中封闭孔隙的存在，饱和含水量不同于土壤总孔隙度。本节采用环刀法测量土壤饱和含水量。本试验需做 3 次重复，取算术平均值。

2.2.7　结果分析

1. 导气率影响因素分析

1）土壤导气率与含水量、容重、土壤孔隙度之间的关系

为了分析土壤含水量、容重、土壤孔隙度对导气率的影响，在鲁东大学试验田内选择 36 个试验点测量土壤导气率，每个试验点距地表 10 cm 处利用环刀取样，并将样品带回实验室内测定土样的含水率、容重和孔隙度。本研究基于偏相关分析土壤气体导气率与土壤含水量、容重、土壤孔隙度之间的关系。偏相关分析是在研究两个变量之间的线性关系时，控制对其产生影响的变量，是反映两个变量间的线性程度的一种数学方法。偏相关系数是度量偏相关程度与方向的指标。对于两个要素 x 与 y 控制了变量 z，则变量 x、y 之间的偏相关系数被定义为

$$r_{xy,z} = \frac{r_{xy} - r_{xz} \times r_{yz}}{\sqrt{\left(1 - r_{xz}^2\right)\left(1 - r_{yz}^2\right)}} \tag{2.58}$$

式中，$r_{xy,z}$ 是在控制了 z 的条件下，x、y 之间的偏相关系数，是表示两要素之间的相关程度指标，其值介于[-1，1]，$r_{xy,z}$ 的绝对值越接近 1，表示两要素的关系越密切。

本研究基于 SPSS 数据处理软件分别对土壤导气率与土壤含水率、容重和孔隙度进行偏相关分析（表 2.3）。图 2.7 为土壤导气率与土壤含水率、容重及孔隙度的关系，为了图示的美观，将导气率的单位由 m^2 转换为 um^2。由图可知，土壤导气率表现为随土壤含水率增加而显著地减小。这是因为土壤中的孔隙几乎被空气和水分占据，土壤水分的增加必然导致土壤中空气含量的减少，进而影响到土壤的通气情况。本研究同时通过偏相关分析土壤导气率与含水率的偏相关系数为-0.841，在保留三位有效数字的情况下其非相关概率为 0，即小于 0.0005；土壤孔隙度和土壤导气率之间相关性较大，两者间的偏相关系数为 0.495，非相关概率为 0.073；试验分析的 3 个要素中，土壤容重与气体扩散率的相关性最小，非相关概率为 0.713。

表 2.3　土壤气体扩散率与含水率、容重及孔隙度的偏相关分析

相关系数\指标	含水率	容重	孔隙度
偏相关系数	-0.841	-0.106	0.495
非相关概率	0	0.713	0.073

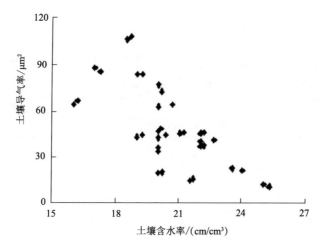

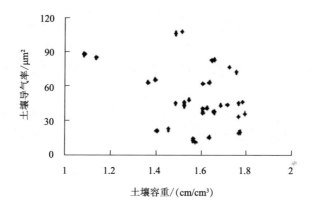

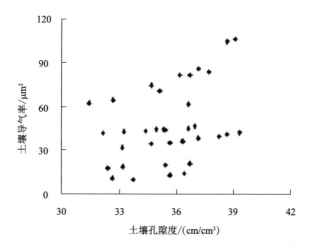

图 2.7 土壤气体扩散率与含水率、容重及孔隙度的关系

2）土地利用类型对导气率的影响

为比较分析不同土地利用类型对导气率的影响，选取鲁东大学试验田中不同土地利用类型的土壤样本，这些土样分别取自鲁东大学未耕作的土地以及种植玉米、黄瓜、番茄不同作物的土地。土壤的基本物理性质见表2.4。

表 2.4　原状土物理性质

取土地点	土壤样本	容重/（g/cm³）	含水率/%	孔隙度/（cm³/cm³）	饱和含水量/（g/cm³）
鲁大试验田	黄瓜地	1.477	0.148	0.409	0.332
	玉米地	1.746	0.124	0.375	0.243
	番茄地	1.414	0.131	0.434	0.277
	未耕地	1.647	0.101	0.341	0.186

图 2.8 显示了鲁东大学试验田中不同土地利用类型对土壤导气率的影响，以导气率与含水量之间的关系表示。由于不同的作物需要不同的肥料、耕作方式，同时土壤中微生物的数量及人类、动物活动等对土壤孔隙的连通程度产生影响，导致不同土地利用类型的土壤导气率存在差异。未耕作的土地长时间无人干扰，土质坚硬、孔隙含量低，故其土样导气率通常偏低；而黄瓜地、番茄田地需要经常耕作、翻土等，故其土样导气率偏高；尤其是玉米地的土样由于土质疏松，其导气率随含水量的变化趋势线较其他土样陡，变化率大。

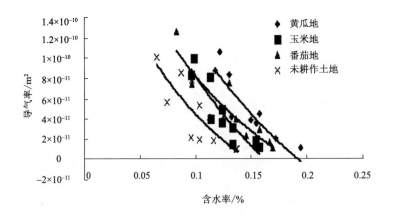

图 2.8　不同土地利用类型对土壤导气率的影响

3）土壤类型对导气率的影响

本研究通过实验测量了河南省鹤壁地区的砂粉土、洛阳地区的粉土、驻马店地区的粉土、南阳地区的粉土和郑州地区的砂粉土的导气率。通过试验得出 3

种容重（1.3 g/cm³、1.4 g/cm³、1.5 g/cm³）条件下，不同土壤类型导气率的差异，实验结果如图 2.9～图 2.11 所示。

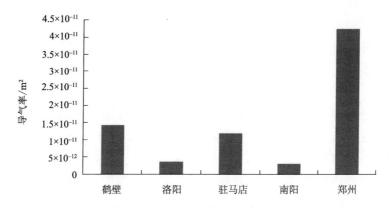

图 2.9　容重 1.3 g/cm³ 条件下 5 种土壤导气率

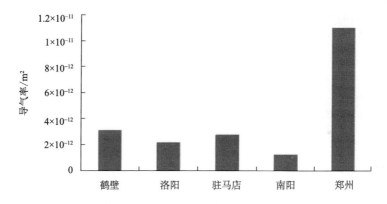

图 2.10　容重 1.4 g/cm³ 条件下 5 种土壤导气率

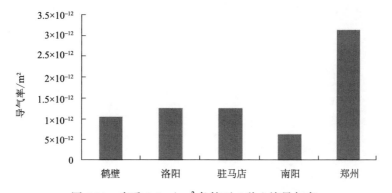

图 2.11　容重 1.5 g/cm³ 条件下 5 种土壤导气率

　　土壤类型由土壤质地和粒径决定,土壤质地和粒径组成不同,土壤类型也不同,按照中国土壤类型分类标准,洛阳土样属粉土、郑州土样属砂粉土、南阳土样属粉土、鹤壁土样属砂粉土、驻马店土样属粉土。郑州和鹤壁砂粉土的通透性好,但保水保肥能力弱;而南阳与洛阳粉土通透性差,保肥蓄水能力好;驻马店的粉土结合了以上4种土样的优点,是农业生产上较为理想的土壤质地。因此质地不同,土壤孔隙性和透水性能存在很大差异,这将直接影响土壤的导气率。由图可知,在同一种容重下,不同土壤类型的导气率不同。其中当容重为 1.3 g/cm³ 和 1.4 g/cm³ 时,洛阳与南阳粉土导气率较低,鹤壁砂粉土导气率略高于驻马店的粉土,导气能力较好;鹤壁粉砂土导气率却明显地低于郑州的砂粉土。当容重为 1.5 g/cm³ 时,导气率有所波动,南阳粉土导气率最低,洛阳和驻马店的粉土与鹤壁的砂粉土导气率相近,郑州砂粉土导气率最高,导气性能最好。本次试验中所测得的南阳粉土的导气率在5种土壤、3种容重下是最小的,这说明南阳粉土的土壤质地黏重,黏粒与粉砂较多,颗粒较细,土壤孔隙小,致使其通气性能受到影响。郑州的砂粉土属于壤土中的砂粉土,导气能力却很高,可能与它的土壤结构有关,其中粗粉粒和砂粒的含量较高,使团粒内和团粒间大小孔隙存在比例适当,总孔隙度较高,通气性能好,土壤导气率高。实验结果同时表明:即使土壤类型相同,土壤导气率也存在一定不同。鹤壁与郑州土样虽都为砂粉土,但郑州砂粉土的导气率却远高于前者,这说明土壤类型中土壤粒径的含量不同对同种土壤类型也有较大影响。

　　4) 容重对土壤导气率的影响

　　土壤容重是指单位体积自然状态下土壤(包括土壤孔隙的体积)的干重,是土壤紧实度、土壤肥瘦和耕作质量的重要指标。土壤容重是土壤孔隙率大小的反映,野外土壤导气率还与土壤结构有很大关系,这就要用原状土进行试验(由于本试验在室内进行,所以供试土壤均为扰动土)。分别对鹤壁地区的砂粉土、洛阳地区的粉土、驻马店地区的粉土、南阳地区的粉土和郑州地区的砂粉土在不同容重(1.3 g/cm³、1.4 g/cm³、1.5 g/cm³)条件下进行导气率的测量,实验结果见图 2.12～图 2.16。

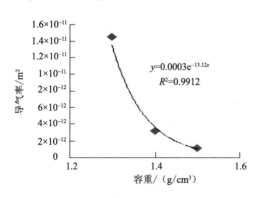

图 2.12　鹤壁砂粉土导气率与容重关系

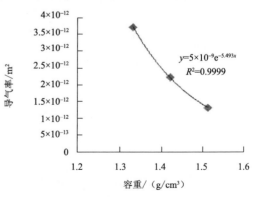

图 2.13　洛阳粉土导气率与容重关系

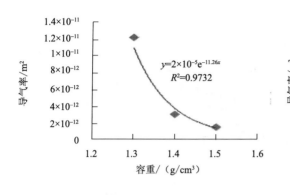

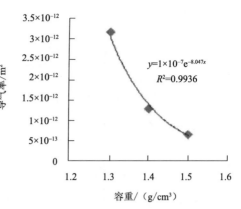

图 2.14　驻马店粉土导气率与容重关系　　　　图 2.15　南阳粉土导气率与容重关系

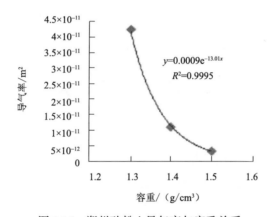

图 2.16　郑州砂粉土导气率与容重关系

土壤空气的交换主要是通过土壤中相互连接并且充气的孔隙来实现的，土壤透气性的好坏取决于土壤中通气孔隙的大小和数量。对于同一种土壤来说，由于容重增大，土壤变紧实，孔隙数量减少，土壤的水分和空气、热量状况均变差，导气率减小。由图 2.12～图 2.16 可知，同一种土壤类型在不同容重条件下，导气率不同，且表现为土壤导气率随容重的增加而减小，并且不同类型的土壤导气率减小的程度不同。鹤壁砂粉土、洛阳粉土、驻马店粉土、南阳粉土和郑州砂粉土 5 种土最大容重（1.5 g/cm^3）下的导气率与最小容重（1.3 g/cm^3）下分别下降 92.8%、66.7%、89.5%、80% 和 92.6%。

5）k_a 与 k_s 之间的关系

根据试验获得的数据，拟合 k_a 与 k_s 对数关系曲线，由图 2.17 可知，确定拟合方程系数 α、β 见表 2.5 所示，方程见式（2.59）。k_a 与 k_s 两者取对数后的拟合的 R^2 达到 0.7351，说明田间试验测得的土壤气体扩散率与饱和导水率仍有密切关系，基于 k_a 估算 k_s 有一定的实用价值。

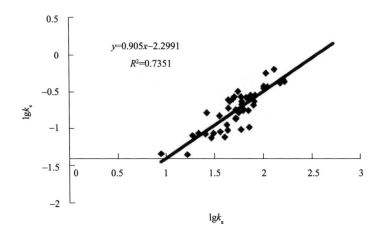

图 2.17 烟台棕壤土的 k_a 与 k_s 对数关系曲线

$$y = 0.905x - 2.2991, R^2 = 0.7351 \tag{2.59}$$

表 2.5 本实验研究中 k_a 与 k_s 的对数关系

土层深度/cm	$\lg k_s - \lg k_a$关系			样本数量	土壤水吸力/（kPa）
	α	β	R^2		
20	0.9050	-2.2991	0.7351	60	

将本试验中的 k_a 与 k_s 对数关系曲线（表 2.5）与前人研究成果（表 2.6 和表 2.7）对比分析，本试验研究结果 α 与 Iversenet 等（2001a）试验结果接近，但系数 β 与各研究结果差异均较大，可能是因为土壤的质地不一样（Loll 等（1999）、Iversen 等（2001a）研究的土壤土质为砂壤土，本试验用土是棕壤土）。此外虽然试验是在雨后进行，土壤的实际含水量仍低于田间持水量，导致拟合的曲线方程截距差异较大。

表 2.6 Iversen 试验研究中 k_a 与 k_s 的对数关系

$\lg k_s - \lg k_a$关系		精确度	样本数量	土壤水吸力/kPa	参考文献
α	β				
1.27	14.11	±0.7	1614	-10	Loll et al.1999
0.94	10.90	±1.4	59	-5	Iversen et al.，2001a
1.29	14.55	±1.2	171	-5	Iversen et al.，2001b
1.38	15.11	±1.3	63	-10	Iversen et al.，2003
1.22	13.93	±0.7	62	田间持水量	Iversen et al.，2003

注：前人试验研究各项指标参考 Iversen 等（2003）发表在 *Vadose Zone Jounal* 的文章。

表 2.7 王卫华试验研究中 k_a 与 k_s 的对数关系

土层深度/cm	$\lg k_s - \lg k_a$ 关系			样本数量	土壤水吸力/kPa
	α	β	R^2		
5	0.8375	−3.5485	0.8538	28	田间持水量
15	1.6585	−3.2307	0.8543	36	田间持水量
40	1.1349	−3.6232	0.8659	27	田间持水量

注：试验研究各项指标参考王卫华等（2009）发表在农业工程学报上的文章。

为验证拟合出的 k_a 与 k_s 对数关系曲线的精确性，选取 20 个试验点的计算结果，基于 k_a 与 k_s 对数关系曲线为基础预测剩余点的饱和导水率，分析 k_s 预测值与计算值的关系。如图 2.18 所示，饱和导水率的计算值与预测值具有较好的线性关系，两者的拟合系数 R^2 达到 0.7421，通过 0.01 精度检验。结果表明基于 k_a 预测 k_s 精确性较高，且该方法与入渗试验相比，其对土体的破坏程度要小得多。

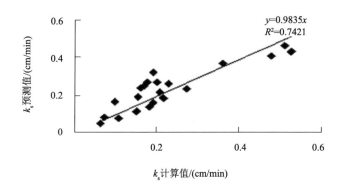

图 2.18 k_s 实测值与计算值拟合关系

由上述分析可知，基于此种方法建立 k_a 与 k_s 的对数函数关系属于经验公式，其结果主要受土壤质地影响，因此实际应用此种模型时，必须考虑土壤质地。同时，对于苹果园土壤的饱和导水率，可在下雨或灌溉后几天（含水率为田间持水率时）利用三维瞬态导气率测算模型快速测算出导气率，代入式（2.59）中即可计算出苹果园土壤的饱和导水率。因此，本研究结论对快速且较准确地预测田间饱和导水率具有实用意义。

2. 土壤导气率稳态与瞬态模型关键参数研究

形状系数 G 是三维稳态导气率测定模型中的重要参数，因此，有必要对该参数进行研究。Grover（1955）、Boedicker（1972）、Liang 等（1995）和 Jalbert 和 Dane（2003）分别提出形状系数 G 计算公式，本研究根据野外试验，初步探讨哪一种形状系数 G 公式更适用于试验点的导气率计算。

在鲁东大学试验田确定 30 个试验样点，按照稳态法测量步骤分别测量出每个试验样点导气率的相关测量参数（图2.19～图2.22）。

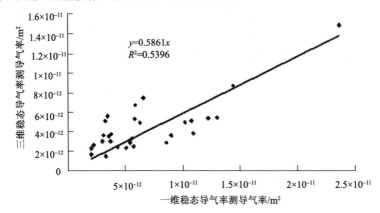

图2.19 一维稳态法与三维稳态法（Jalbert and Dane，2003）测量的土壤导气率结果相关分析

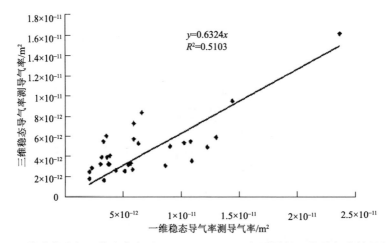

图2.20 一维稳态法与三维稳态法（Liang et al.，1995）测量的土壤导气率结果相关分析

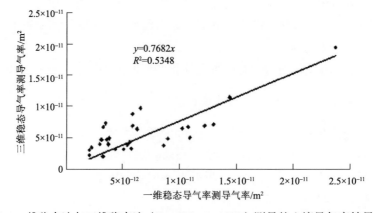

图2.21 一维稳态法与三维稳态法（Boedicker，1972）测量的土壤导气率结果相关分析

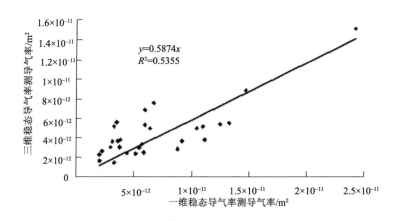

图 2.22　一维稳态法与三维稳态法（Grover，1955）测量的土壤导气率结果相关分析

对鲁东大学试验田 30 组样点按照一维稳态法与三维稳态法土壤导气率测定模型进行分析后得到，Boedicker 推导出的形状系数 G 更适于试验点土样的稳态导气率计算。分析可能是由于 Boedicker 是在假设气体运动半径为 15.3 cm 的情况下推导的形状系数 G 公式，该假设与本次试验情况类似，但这并不代表 Boedicker 形状系数 G 公式也适于用鲁东大学试验田其余试验点土样导气率计算，并且由于试验器械的关系，本次试验 $\dfrac{D}{H}$ 值在 0.7～1.2。因此试验得出的结论也只适用于该范围的导气率测量。因此，本研究涉及鲁东大学试验田稳态导气率计算的采用 Boedicker 形状系数 G 公式，其余样点稳态法导气率计算采用基于假定的气体运动半径更为广泛的 Jalbert 形状系数 G 公式（Boedicker，1972）。

3. 瞬态法样品密封端压力动态变化与时间 t 之间的关系研究

瞬态法测量导气率重点是时间 t 的获取，时间 t 变化对计算结果影响较大，每组样品做 3 次重复性试验，取时间 t 平均值，减少人为误差。图 2.23 展示了同一组土样 3 次重复性试验中 $\ln\left[c\dfrac{p(t)-P_{\mathrm{atm}}}{p(t)+P_{\mathrm{atm}}}\right]$ 变化与时间 t 的关系。图 2.24 展示部分样品所测试验数据 $\ln\left[c\dfrac{p(t)-P_{\mathrm{atm}}}{p(t)+P_{\mathrm{atm}}}\right]$ 的变化与时间 t 之间的关系。从数据结果看，U 形管压力计水柱初始高度相等，均从 20 cm 高度差开始下降，20cm，18cm，…，0 cm 即 ΔP 均是从 1960.6，1764.54，…，196.06 一直下降到 0。对应 60 次试验有 60 组试验数据，每组

数据 $\ln\left[c\dfrac{p(t)-P_{\text{atm}}}{p(t)+P_{\text{atm}}}\right]$ 变化与时间 t 都呈线性关系。

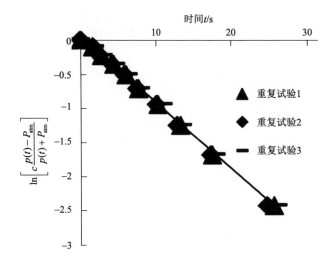

图 2.23　同一样品 3 次重复性试验 $\ln\left[c\dfrac{p(t)-P_{\text{atm}}}{p(t)+P_{\text{atm}}}\right]$ 变化与时间 t 的关系

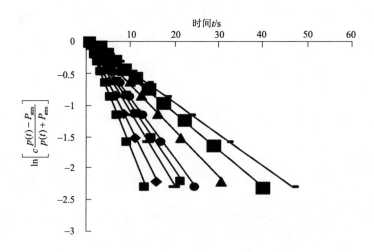

图 2.24　部分土样 $\ln\left[c\dfrac{p(t)-P_{\text{atm}}}{p(t)+P_{\text{atm}}}\right]$ 的变化与时间 t 之间的关系

Li 等（2004）将瞬态一维边界条件下土柱管中密闭气体压力变化对数值

$\ln\left[c\dfrac{p(t)-P_{\text{atm}}}{p(t)+P_{\text{atm}}}\right]$ 与时间 t 之间的线性关系定义为特征参数 s，该参数是一维瞬态导气率测

定模型重要参数。如图 2.25 所示，瞬态三维边界条件下，$\ln\left[c\dfrac{p(t)-P_{\text{atm}}}{p(t)+P_{\text{atm}}}\right]$ 与时间 t 之间

也存在显著的线性关系。由于数据过多，在此不一一列举，图 2.25 仅展示部分样品所测

试验数据 $\ln\left[c\dfrac{p(t)-P_{\text{atm}}}{p(t)+P_{\text{atm}}}\right]$ 的变化与时间 t 之间的关系，其余样品变化规律与图 2.25 所示

样品类似。

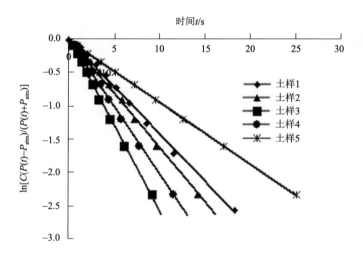

图 2.25　瞬态三维边界条件下部分土样 $\ln\left[c\dfrac{p(t)-P_{\text{atm}}}{p(t)+P_{\text{atm}}}\right]$ 的变化与时间 t 之间的关系

4. 室内对比分析一维瞬态土壤导气率测算模型及其近似解

1）$\ln p(t)$ 与时间 t 的关系

试验结果表明简化解 s_0 即 $\ln p(t)$ 与时间 t 的之间也存在线性关系。由于数据过多，在此不一一列举。图 2.26 展示部分土样所测数据：U 形管压力计水柱初始高度相等，均从 20 cm 高度差开始下降，20 cm，18 cm，…，0 cm 即 ΔP 是从 1.96 kPa，1.76 kPa，…，0.20 kPa 一直下降到 0 kPa。对应 40 次试验有 40 组试验数据，每组数据 $\ln p(t)$ 变化与时间 t 都呈线性关系。

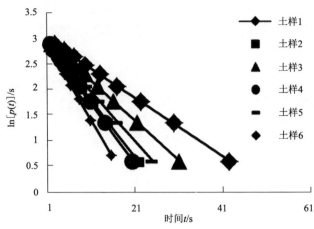

图 2.26　部分土样 $\ln p(t)$ 的变化与时间 t 之间的关系

2）参数 s 与其简化解 s_0 误差分析

图 2.27 为原模型参数 s 和简化解 s_0 相对误差分析图。根据对两者的误差分析可知，以原模型参数 s 为标准，简化解 s_0 与原模型参数 s 相对误差变化幅度在 0.13%～0.54%，75% 以上变化幅度小于 0.4%，仅有个别大于 0.5%，相对误差变化幅度小。相对于原模型参数 s，简化解 s_0 计算方便，减少了瞬态法测定导气率的复杂程度，提高了瞬态模型的导气率测定效率。

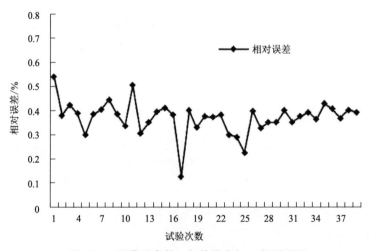

图 2.27　原模型参数 s 与其简化解 s_0 相对误差

3）简化解 s_0 与原模型参数 s 对导气率计算结果的影响

图 2.28 展示了简化解 s_0 与原模型参数 s 的相对误差图，两者数值接近。将简化解 s_0 和原模型参数 s 分别代入式（2.37）计算得到相应的导气率数值，并对计算出的导气率结果进行对比。从图中可以看出两者计算的导气率数值之间具有极显著相关关系（$R=1>R_{0.01}$，$\alpha=0.01$），可用线性函数关系式 $y=1.0038x$ 表示，表明用简化解 s_0 代替

原模型参数 s 对导气率计算结果影响较小，两者计算的导气率数值接近，用简化解 s_0 代替原模型参数 s 计算导气率数值具有可行性。

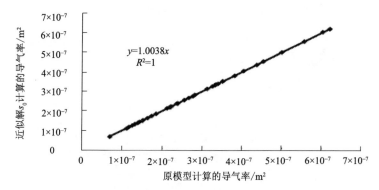

图 2.28　简化解 s_0 与原模型参数 s 计算的土壤导气率数值相关分析

4）稳态法导气率与 s_0 求解的瞬态导气率对比分析

按照试验步骤共测定 40 组土样的导气率，得到相应的 40 个简化解 s_0，分别将其代入式（2.34）得到对应的导气率数值。将简化解 s_0 计算的瞬态导气率结果和稳态法测量结果进行对比，如图 2.29 所示：两者数值之间具有极显著相关性（$R=0.93>R_{0.01}$，$\alpha=0.01$），可用线性函数关系式 $y=0.1.0033x$ 表示，两者结果接近，验证了用简化解 s_0 代替原模型参数 s 计算土壤导气率的可行性。

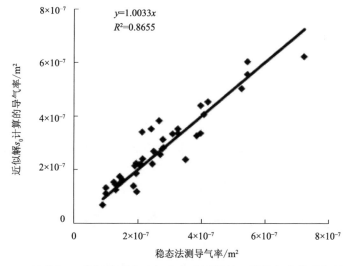

图 2.29　简化解 s_0 求解的瞬态法与稳态法测量的土壤导气率结果相关分析

5. 三维瞬态导气率测算结果分析

1）三维瞬态模型土样密封端压力及其对数值随时间变化的变化关系

利用 45 组小麦地土样进行三维瞬态导气率测算试验。试验中 U 形管压力计水柱初始高度相等，均从 20 cm 高度差开始下降，20 cm，18 cm，…，0 cm 即 ΔP 是从 1.96

kPa，1.76 kPa，···，0.20 kPa 一直下降到 0 kPa，如图 2.30 所示部分土柱管中土样密封端压力变化 ΔP 与时间 t 之间的函数变化关系（限于图示面积大小，仅选取部分土样），与 Kirkham 瞬态模型中两者之间的变化趋势相符合。

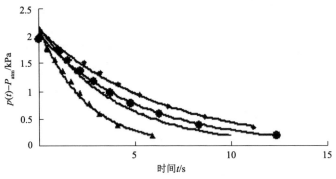

图 2.30　部分土样 ΔP 与时间 t 之间的变化关系

Li 等（2004）将土样密封端压力对数值 $\ln\left[c\dfrac{p(t)-P_{\text{atm}}}{p(t)+P_{\text{atm}}}\right]$ 随时间 t 的线性变化关系

定义为特征参数 s，该参数是一维瞬态导气率测算模型核心参数。经 45 组小麦地土样导气率测算试验验证，本节假设的三维瞬态导气率测算模型中存在参数 s 观点成立，如图 2.31 所示。由于数据过多，在此不一一列举，图 2.31 仅展示部分样品所测试验

数据 $\ln\left[c\dfrac{p(t)-P_{\text{atm}}}{p(t)+P_{\text{atm}}}\right]$ 的变化与时间 t 之间的关系，其余样品变化规律与图示样品类似。

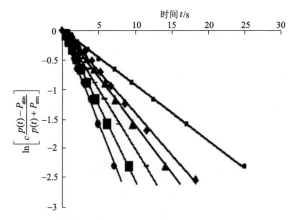

图 2.31　部分土样 $\ln\left[c\dfrac{p(t)-P_{\text{atm}}}{p(t)+P_{\text{atm}}}\right]$ 的变化与时间 t 之间的关系

2）三维瞬态模型参数 s 与土壤导气率之间的定量关系

小麦地导气率测量试验结果表明：三维瞬态模型参数 s 与土壤导气率之间具有极显

著相关性（R=0.93>$R_{0.01}$，α=0.01），如图 2.32 所示，可用线性函数关系式 $y = 1 \times 10^{-10}x+ 3 \times 10^{-12}$ 表示，其中，x 表示三维瞬态模型参数 s（s^{-1}）；y 表示土壤导气率（m^2）。采用与本节类似的试验装置，并将土柱管插入土样深度浮动在 2.5～5 cm，可根据上述拟合关系式，测算出三维瞬态模型参数 s 进而得到土壤导气率数值。

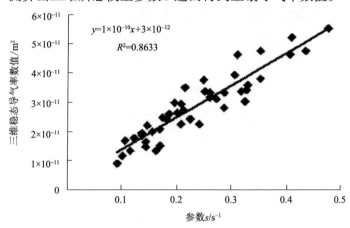

图 2.32　三维瞬态模型参数 s 与土壤导气率数值相关分析

3）三维瞬态导气率经验公式检验

为检验三维瞬态导气率经验公式 $y = 1 \times 10^{-10}x +3 \times 10^{-12}$ 的精确性，在烟台农业科学研究院苹果园进行 30 组土样导气率测量试验，按照试验步骤测得三维瞬态模型参数 s 与土壤导气率。将参数 s 代入定量关系式 $y = 1 \times 10^{-10}x +3 \times 10^{-12}$，得到相应导气率定量关系计算值。如图 2.33 所示，以三维稳态法所测导气率为标准，定量关系式计算值与三维稳态模型测量结果相对误差的变化幅度在 1.38%～38.07%，70%以上测量结果相对误差变化幅度小于 25%，仅有少数变化幅度大于 30%，相对误差变化幅度较小。

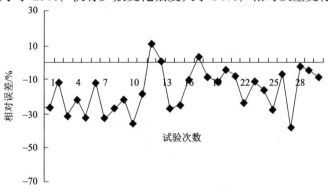

图 2.33　经验公式计算值与三维稳态模型导气率相对误差

6. 三维瞬态土壤导气率测算结果分析

为了检验式（2.34）导气率测定模型的精度，按照试验方法在小麦地和苹果园进行 105 组导气率对比试验，获得的土壤导气率指标描述性统计分析见表 2.8。将两地试验所获参数分别代入公式，得到的导气率测量数值均不服从正态分布，皆为中等变异。其中，对于小麦地土样，瞬态法测定数值为 $1.24 \times 10^{-11} \sim 5.44 \times 10^{-11} m^2$，最大值是最小值的 4.39 倍，变异系数 0.36；式（2.41）测定数值为 $9.24 \times 10^{-12} \sim 5.55 \times 10^{-11} m^2$，最大值是最小值的 6.01 倍，变异程度更大，变异系数为 0.40。对于苹果园土样，计算数值为 $5.31 \times 10^{-12} \sim 3.97 \times 10^{-11} m^2$，最大值是最小值的 7.48 倍，变异系数 0.41；计算数值为 4.38×10^{-12} 与 $3.68 \times 10^{-11} m^2$ 之间，最大值是最小值的 8.40 倍，变异系数 0.45。

表 2.8　两种方法测定的导气率统计特征值

试验方法	测算方法	观测数目	平均值	最大值/m²	最小值/m²	标准差/m²	变异系数
小麦地	三维稳态法	45	2.85×10^{-11}	5.55×10^{-11}	9.24×10^{-12}	1.13×10^{-11}	0.40
	三维稳态法	45	2.99×10^{-11}	5.44×10^{-11}	1.24×10^{-11}	1.08×10^{-11}	0.36
苹果园	三维稳态法	60	1.47×10^{-11}	3.68×10^{-11}	5.31×10^{-12}	6.11×10^{-12}	0.41
	三维稳态法	60	1.43×10^{-11}	3.97×10^{-11}	4.38×10^{-12}	6.39×10^{-12}	0.45

瞬态法无须测量通过土样气体数量，测量时间短，相对稳态法，只需少量体积气体通过土样，对土壤结构破坏性小。相对于一维瞬态导气率测定模型，三维瞬态导气率测定模型更具有实用性，可用于测定原状土导气率。根据三维瞬态法和三维稳态法测定的导气率统计特征值，两者试验结果尽管存在一定差异但接近。图 2.34 表明对于小麦地和苹果园两种不同土质，三维瞬态法和三维稳态法导气率测量数值之间仍具有极显著相关性，分别可用线性函数关系式 $y = 1.038x$（小麦地，$R^2 = 0.94 > R_{0.01}$，$\alpha = 0.01$）、$y = 0.961x$（苹果园，$R^2 = 0.83 > R_{0.01}$，$\alpha = 0.01$）表示。

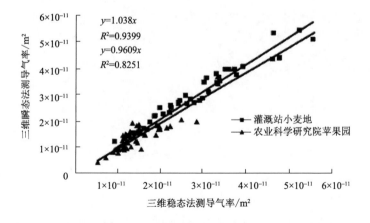

图 2.34　三维瞬态与三维稳态两种方法测量土壤导气率相对误差

图 2.35 为两种测量方法测定的土壤导气率相对误差。对于小麦站土壤导气率，以三维稳态法测量值为标准，两种方法测量结果相对误差的变化幅度在 0.5%～34.4%，85%以上相对误差变化幅度小于 15%，仅有少数变化幅度大于 20%；对于苹果园土壤导气率，以三维稳态法测量值为标准，两种方法测量结果相对误差的变化幅度在 0.9%～44.8%，75%以上相对误差变化幅度小于 20%，仅有少数变化幅度大于 20%。

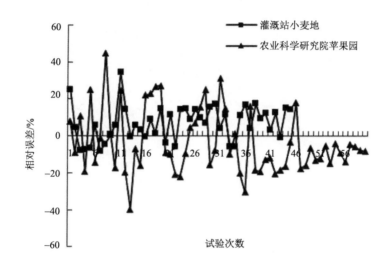

图 2.35　两种方法测量土壤导气率相对误差

针对三维瞬态法和三维稳态法测定结果存在差异，初步推断造成两种方法测定同一土样导气率值差异性的原因是：①三维瞬态法测量完一组土样导气率，换三维稳态法装置测量时对土样有稍微扰动；②三维瞬态法测量土壤导气率，试验气体会对土壤产生微小压力，使土壤孔隙发生变化，影响接下来的三维稳态法测量结果；③U 形管压力计所测压力滞后于土柱管中实际压力；④观测精度。

7. 通气与水分再分布对地下滴灌湿润体导气率的影响

为了研究地下滴灌条件下土壤导气特征参数与导气率的关系，将供试土样按容重为 1.3 g/cm³、1.35 g/cm³、1.4 g/cm³、1.45 g/cm³、1.5 g/cm³、1.55 g/cm³ 按照 5 cm 深度分层装入土箱中试验 18 次，每次装土高度一致。用瞬态法分别测定土箱中一维土柱的土壤导气率和地下滴灌土壤导气特征参数。试验结果表明地下滴灌条件下土壤导气特征参数的绝对值与土壤导气率存在正相关关系，$R^2 = 0.982$（图 2.35）。检验水平 $\alpha = 0.005$，用 F 检验法，$F=192.64 > F_{0.005}(1, 16)=10.58$，土壤导气率对土壤导气特征参数绝对值的线性回归是极显著的。因此，对于地下滴灌后的湿润体，只要测定出湿润体土壤的导气特征参数，由此正相关的关系式即可换算出湿润体土壤导气率的大小。

通过试验观察发现停止灌水 24 小时后土壤水分扩散已极为缓慢，土壤湿润锋几乎不再扩展，因此将灌水后试验观测时间定为 24 小时。导气率随时间变化的变化趋势如图 2.36 所示。

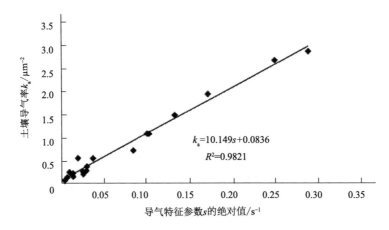

图 2.36　土壤导气特征参数的绝对值与导气率的关系

灌水初期，滴头附近土壤含水率急速接近饱和，与周围土层形成较大的土水势梯度，驱使土壤水快速扩散，形成一个由内到外含水率逐渐减小的湿润体。在滴灌过程中，由于稳定的水源供给，湿润体内土壤含水率普遍较高。在滴灌入渗过程中，随着湿润体的不断扩展，土壤孔隙中充满水，含水率增大，气体被迫排出，水分阻碍了气体的流动，土壤透气性迅速减弱，导气率迅速减小。灌水停止后，土壤水分在自身重力、吸力梯度的作用下会继续向外扩散运动，也就是土壤水分的再分布过程。湿润体内部土壤含水率随时间延长而减少，前期较快，后期变缓。土壤水分的再分布过程使得湿润体内的土壤含水率均有不同程度的下降，土壤水分由高含水区向低含水区运移。这就使得土壤导气率前期增大速度较快，后期变慢。在水分再分布过程中，土壤容重越大，湿润体土壤导气率变化幅度越小。

灌水停止时，对每个容重下的棕壤土不采取人工通气处理，使其进行自然条件下的土壤水分再分布过程，地下滴灌湿润体土壤导气率随时间的变化呈缓慢增长趋势。在 330 min 后容重为 1.3 g/cm^3 的棕壤土导气率提高至灌水前 57.7%，在 590 min 后容重为 1.4 g/cm^3 的土壤导气率提高至灌水前的 73.5%，在 155 min 后容重为 1.5 g/cm^3 的土壤导气率提高至灌水前的 63.6%，但这与人工通气改善湿润体土壤导气率的速度相比，具有明显的滞后性。

　　密度为 1.3 g/cm³、1.4 g/cm³、1.5 g/cm³ 的棕壤土在灌水停止时，导气率分别减小至灌水前的 8.9%、22.7%和 49.9%，娄土的导气率分别减小至灌水前的 2.7%、5.4%和 9.8%，通气 5 min 后，导气率分别提高至灌水前干土的 64.1%、54.1%和79.9%，是停止灌水时的 7.3 倍、2.5 倍和 1.6 倍（图 2.37a、图 2.37c 和图 2.37e）。密度为 1.3 g/cm³、1.4 g/cm³ 和 1.5 g/cm³ 的娄土在灌水停止时，导气率分别提高至灌水前的 79.9%、84.1%和 80.8%，是停止灌水时的 30.5 倍、15.3 倍和 8.4 倍（图 2.37b、图 2.37d 和图 2.37f）。

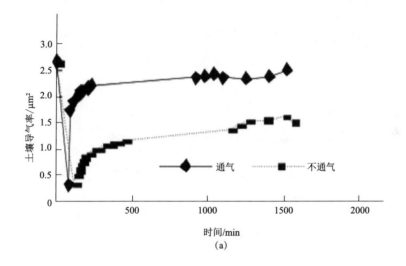

(a)

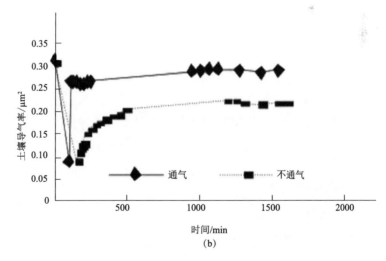

(b)

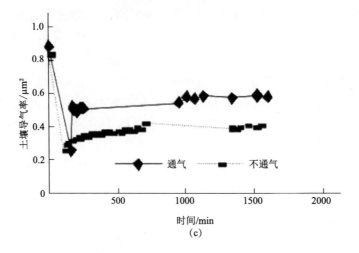

(c)

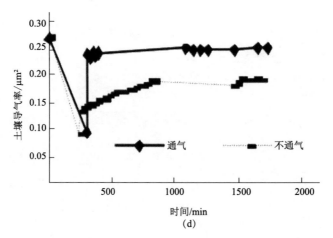

(d)

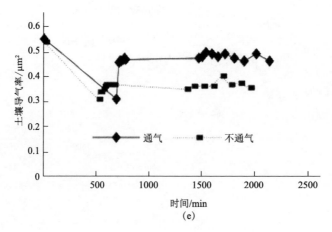

(e)

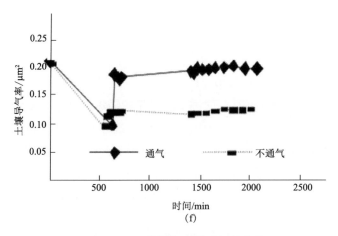

图 2.37　土壤导气率随时间的变化

（a）、（c）、（e）分别为容重 1.3 g/cm³、1.4 g/cm³、1.5 g/cm³ 棕壤土；（b）、（d）、（f）分别为对应容重的塿土

由此可见，灌水和通气作用均对土壤导气率产生影响，但对塿土导气率的影响较棕壤土显著。这是因为塿土孔隙度较小，黏粒含量较多，对水分的吸引力较强，在灌水停止时滴头附近土壤水分接近饱和，导气率下降明显。而棕壤土孔隙度较塿土大，灌水停止时土壤水分含量较塿土低。采用人工通气后，空气进入湿润体土壤中，土壤孔隙中的水分向周围迅速扩散，土壤透气通道被迫打开。此后由于在水分的再分布过程中，更多的水分向周围扩散，滴头周围的湿润体土壤含水率逐渐降低，导气率不断提高。在通气情况相同的条件下，塿土中水分的扩散较棕壤土明显，导气率变化较棕壤土显著。

2.3　本 章 小 结

（1）土壤导气率总体上表现为随土壤含水率增加而显著的减小，这是因为土壤孔隙几乎被空气和水分完全占据，土壤水分的增加必然导致土壤中空气含量的减少，进而影响到土壤的通气情况。

（2）形状系数 G 是三维稳态土壤导气率测定模型中的重要参数，本章对 Grover（1955），Boedicker（1972），Liang 等（1995）以及 Jalbert 和 Dane（2003）4 种形状系数 G 比较分析，得出 Boedicker 推导出的形状系数 G 更适于试验点土样的稳态法土壤导气率测定。

（3）瞬态土壤导气率测定模型是测定被测样品密封段压力动态变化，再根据相关模型计算得出样品导气率。该方法重点是记录并分析样品密封段压力随时间变化的变化关系，即斜率 s 的测定，试验结果表明在瞬态一维边界条件下，以及瞬态三维边界条件下，$\ln\left[c\dfrac{p(t)-P_{atm}}{p(t)+P_{atm}}\right]$ 与时间 t 之间均存在显著的线性关系，即参数 s 存在。本研究在瞬态导气率测定模型基础上对参数 s 计算过程进行了简化，室内对 40 组土样导气率测量结果表明：简化解 s_0 即 $\ln p(t)$ 与时间 t 之间存在仍然存在显著的线性关系。

（4）本章在瞬态导气率测定模型基础上对参数 s 计算过程进行了简化，并用稳态法对简化后的模型进行验证。室内对 40 组土样导气率测量结果表明：简化解 s_0 计算的瞬态模型结果与稳态模型测定结果之间具有极显著相关性，相关系数为 0.93；以原模型参数 s 为标准，简化解 s_0 与参数 s 相对误差变化幅度小于 0.5%，两者数值接近。

（5）在基于瞬态三维边界条件下土样密封端压力对数值随时间变化的线性变化关系存在基础上，分析其与导气率之间的定量关系，并采用稳态法验证计算结果精确性。试验结果表明：瞬态三维边界条件下土样密封端压力对数值随时间变化的线性变化关系存在，且其与导气率测量结果之间具有极显著相关性，相关系数为 0.93；对于苹果园土样导气率，定量关系式与稳态法两者计算数值之间整体相对误差小，70% 以上相对误差变化幅度小于 25%，说明所建立的经验公式具有一定的代表性。

（6）根据长度等效原理，定义了三维边界条件下难以直接测定的土柱外气体运动范围，从而建立了适用于三维边界条件下土壤导气率瞬态测定模型，并利用三维稳态导气率测定模型对其测定结果进行验证。

（7）灌后土壤水分再分布过程中，土壤导气率呈缓慢增长趋势；通气作用与水分再分布过程都能提高湿润体土壤的导气率，但通气作用提高湿润体土壤导气率的及时性明显优于水分再分布过程；灌后人工通气可迅速提高地下滴灌湿润体土壤导气率。在降雨或灌溉后，植物的根系常处于低氧环境中。因此，不同土壤的地区应因地制宜，采取合理的灌水和通气条件，以改善土壤导气率，达到节水、增产、高效的目的。

第 3 章　水气耦合高效灌溉系统研制

循环曝气技术可以有效地改善灌溉造成的土壤缺氧情况，可以产生巨量的微气泡，形成均匀的水气耦合物，不易于产生"烟囱效应"；同时，微气泡可促进物质的传输，提高水气传输的均匀性，对改善根区土壤环境具有重要意义。基于循环曝气技术，设计了一种水气耦合高效灌溉系统（图 3.1）。

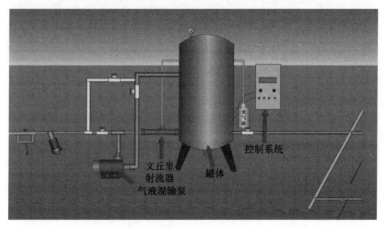

图 3.1　循环曝气灌溉系统

3.1　研　究　背　景

随着地下滴灌技术的日臻完善和大面积推广应用，普通地下滴灌在灌溉时造成的植物根系暂时缺氧问题，影响了大田根区土壤的通气环境。利用地下滴灌系统把掺气水或者掺气水肥混合流体输送到植物根区，能有效改善植物根围的水、肥、气、热环境，达到提高水肥利用效率、增加经济产量和改善收获品质的目的。如何把空气以微小气泡的形式均匀地掺入到滴灌管道系统的水当中，是事关该方法成败的关键问题。如果掺入的空气没有与水均匀混合，或者形成大的气泡，都有可能在管道运输中出现水气分层的现象，影响空气进入到土壤中的均匀度，或者出现空气难于进入土壤的情形。目前国外多采用 Mazzei Injector 公司生产的 Mazzei 文丘里射流器来完成空气的掺入（图 3.2），但是 Mazzei 文丘里注射器的价格高昂，考虑到设备的造价和能量的损耗，掺气比例（管道内水气的体积比）有限。基于循环曝气技术，设计一种水气耦合高效灌溉系统，可以产生巨量的微气泡，形成均匀的水气耦合物，有效地改善灌溉造成的土壤缺氧情况。

图 3.2　Mazzei 文丘里射流器

3.2　系统设计原理

当水流经过文丘里空气射流器时，因涌流横截面面积变小流速上升。整个涌流都要在同一时间内经过管道缩小的过程，因而压力减小，产生压力差。在压力差的作用下吸附空气进行曝气。采用循环水泵使承压水箱中的水流循环通过文丘里射流器进行曝气，最终形成均匀的水气耦合物（图 3.3）。

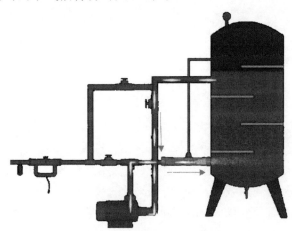

图 3.3　循环曝气过程简图

3.3　系统组成及操作过程

3.3.1　水气耦合高效灌溉系统组成

该系统包括承压水箱和曝气、施肥及加压等外部设备（图 3.4），空气压缩机经逆止阀与承压水箱顶端相连通；承压水箱上设置有压力安全阀、水位自动控制器、压力控制变送器、内循环水口、空气循环口、入水口、排污口、低位出水口、导流板、温度变送器、溶氧控制器、高位出水口；承压水箱的顶端设压力安全阀、水位自动控制器、压力控制变送器和空气循环口，水位控制器位于承压水箱内，排污口位于承压水箱的底端；内循环水口和入水口分别位于承压水箱同侧的上部和下部，低位出水口和高位出水口分别位于承压水箱同侧的上部和下部，温度变送器和溶氧控制器的位置介于低位出水口和高位出水口之间，导流板位于承压水箱内部；入水口与水源入水口之间串联有空气射流器，并且在空气射流器与水源入水口之间并联有施肥器，进水电磁阀与空气射流器相串联，并位于空气射流器与施肥器之间；空气循环口与空气射流器的进气嘴相连通；内循环水口与空气射流器相连通，连通位置在空气射流器与进水电磁阀之间，并在内循环水口与空气射流器连通的管路上设有增压泵和止回阀，其中止回阀位置靠近空气射流器，增压泵的位置靠近内循环水口。水位控制器上设置有高水位、低水位和参考水位 3 个控制水位，其中高水位距离承压水箱顶端不小于 20 cm，高水位、低水位和参考水位之间的距离不小于 15 cm。所述的内循环水口和高位出水口均位于低水位的下方。低位出水口和高位出水口上分别设有第二出水电磁阀和第一出水电磁阀。

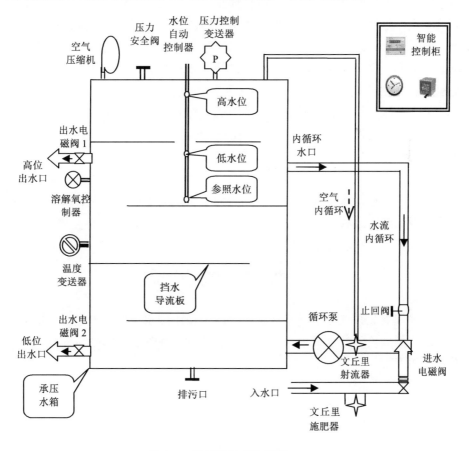

图 3.4 循环曝气系统简图

3.3.2　水气耦合高效灌溉系统控制方法

（1）将水源入水口与有压供水源相连通，将低位出水口或者高位出水口与地下滴灌管道相连通，并将另外一个出水口始终保持关闭状态；设置压力安全阀限值，设置压力控制变送器调控上限，当承压水箱内的空气压力高于所设定的压力安全阀限值时，压力安全阀自动泄气直到压力达到所设限值。

（2）开启电源开关，空气压缩机、水位控制器、压力控制器、溶氧控制器处于工作状态，并设置溶氧控制器值域，当承压水箱内的压力达到控制压力上限时，空气压缩机停止工作。

（3）开启进水电磁阀，使其处于工作状态，水位自动检测，当检测水位低于低水位时，水位控制器触发进水电磁阀工作，开始向承压水箱供水，同时施肥器开始工作；供水过程中，由于承压水箱中被封闭的空气被压缩，承压水箱压力升高，当压力高于控制压力上限时，压力安全阀开始泄气。

（4）当水位上升到低水位时，开启增压泵进入运行状态，水肥流体通过内循环水口经空气射流器流回承压水箱形成内循环流动，在内循环流动过程中空气射流器向通过的水肥流体曝气；压力控制器对承压水箱内的封闭空气压力自动检测，并与所设定的压力上限对比，高于压力上限时，压力安全阀自动泄气直到压力达到所设值域；当水位继续上升，达到高水位时，入水电磁阀关闭；溶氧控制器处于开启状态，溶解氧自动检测。

（5）当承压水箱内的水肥溶液中的溶解氧达到设定值域时，关闭增压泵停止内循环流动和空气射流器的曝气，第一出水电磁阀（当利用高位出水口供水时）或者第二出水电磁阀（当利用低位出水口供水时）打开并持续向滴灌管道供水，直至水位下降至低水位线，出水电磁阀关闭并启动进水电磁阀进水，同时施肥器开始工作，保持承压水箱内的水位在低水位线之上，如此周而复始地对水位、压力、溶解氧的监测和控制实现完整的灌溉过程。

3.4　本 章 小 结

循环曝气灌溉系统采用循环水泵使承压水箱中的水流循环通过文丘里射流器进行曝气，最终形成均匀的水气耦合物。可以显著改善灌溉后根区缺氧造成的不利环境，具有重要的意义。

第4章 水气耦合滴灌系统水气传输特性研究

水气耦合灌溉过程中，水气耦合物在滴灌带中的传输是重要的一环。而循环曝气水气两相流中存在巨量的微气泡，管道内部掺气比例难以观测。提出掺气比例理论计算方法，并对不同工作压力和表面活性剂浓度循环曝气对水-气传输均匀性和掺气比例的影响进行研究，可为曝气灌溉系统的优化提供理论依据，对提高地下滴灌系统水分利用效率具有重要意义。

4.1 试验区概况

试验于河南省郑州市郑东新区华北水利水电大学农业高效用水试验场进行，该地位于 113°14′E，34°27′N，属于半干旱区旱作农业区，北温带大陆性季风气候，四季分明、冷暖适中。年日照时数约 2400 h，年平均气温 14.4℃，无霜期 220 天。

4.2 水气耦合灌溉氧传质系数研究

氧传质系数是指标准状态下（0.1 MPa、20℃），在单位传质推动力作用时，单位时间内向单位体积水中传递氧的数量，它反映了氧气转移能力的大小。

4.2.1 试验内容

在循环曝气灌溉过程中，循环曝气阶段是主要的耗能阶段，而氧气总传质系数是决定循环曝气阶段时间长短的重要依据，研究在不同工作条件下的氧气总传质系数，对提高循环曝气系统的运行效果、节约运行成本有着重要的意义。

4.2.2 试验设计

0.05 MPa

0.10 MPa

0.15 MPa

（a）未添加活性剂

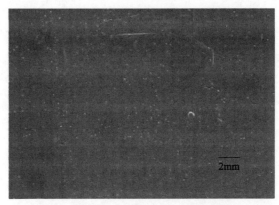

0.05 MPa

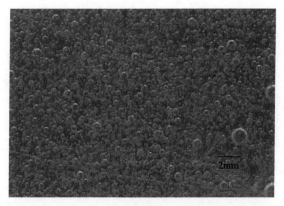

0.10 MPa

0.15 MPa

（b）添加活性剂 16 mg/L

图 4.1　活性剂对循环曝气过程气泡的影响

　　表面活性剂具有显著的起泡性能和稳泡性能，添加活性剂可以使水中的气泡增多（图 4.1）。刘常旭等（2007）研究指出，活性剂是产生泡沫的主要因素，活性剂的种类和浓度直接影响溶液的起泡能力和泡沫的稳定性。生物表面活性剂是微生物或植物在一定条件下分泌出的具有一定表面活性的产物，对环境没有污染，这使表面活性剂在实际生产中的应用成为可能。就本试验而言，采用十二烷基硫酸钠（SDS）可以增加气泡个数，提高溶解氧达到饱和状态的速率，减少能量损耗。

　　为提高掺气系统的运行效果，节约运行成本，本研究针对工作压力和活性剂浓度 2 个关键因素设计了多个处理，研究压力和活性剂对氧气总传质系数的影响。设置 0.05 MPa（P1）、0.1 MPa（P2）、0.15 MPa（P3）3 个压力水平以及 0 mg/L、5 mg/L 和 16 mg/L 3 个活性剂浓度水平，分别记为 C0、C1 和 C2。共 9 个试验处理，各试验重复 3 次。通过 Oriental Legend 溶解氧测定仪监测曝气水中溶解氧浓度以分析氧传质系数，以明确循环曝气灌溉系统的主要影响因素，为提高地下滴灌系统效率提供依据。

　　无机电解质对表面张力的影响很小，所以其对气泡破裂的影响可以忽略。但由于盐对气泡的尺寸及密度都有影响，所以电解质对气泡破裂还是有间接的影响。表面性质的微小变化都会对液膜变薄的过程有微妙的影响，在循环曝气水中加入 100 mg/L 的氯化钠，在 3 个不同的压力下：0.05 MPa（P_1）、0.1 MPa（P_2）、0.15 MPa（P_3），观测其总氧传质系数，了解无机电解质对循环曝气氧气传输效率的影响。

4.2.3　试验原理

　　密闭储水罐中的水流在循环水泵的作用下通过文丘里空气射流器进行曝气，曝气水中溶解氧浓度逐渐升高。假定这个过程中液体是完全混合的，符合一级动力学反应：

$$C_\mathrm{w} = C_\mathrm{s}\left(1 - \mathrm{e}^{-K_\mathrm{La} \times t}\right) \tag{4.1}$$

式中，C_w 为水中溶解氧浓度（mg/L）；t 为曝气时间，s；K_La 为氧气总传质系数（s^{-1}）。由公式（4.1）整理可得到公式（4.2）：

$$\ln(C_\mathrm{s} - C_\mathrm{w}) = \ln C_\mathrm{s} - K_\mathrm{La} \times t \tag{4.2}$$

式中，C_s 为水中饱和溶解氧浓度（mg/L）。利用公式（4.2）线性拟合出方程得到斜率 K_La。

　　氧传质系数受到水温等因素的影响。实际应用中须进行温度校正，将非标准条件下的 $K_\mathrm{La}(T)$ 转换成标准条件下的 K'_La，公式如下：

$$K'_\mathrm{La} = K_\mathrm{La}(T) \times 1.024^{(20-T)} \tag{4.3}$$

式中，T 为水温（℃）；$K_\mathrm{La}(T)$ 为水温 T 时氧气总传质系数（s^{-1}）；K'_La 为水温 20℃ 时的氧传质系数（s^{-1}）。

4.2.4　不同条件下氧传质系数

　　图 4.2 给出了不同条件下循环曝气水中溶解氧浓度自然对数随时间变化的变化曲线，通过线性拟合，得到直线的斜率 K_La 值。

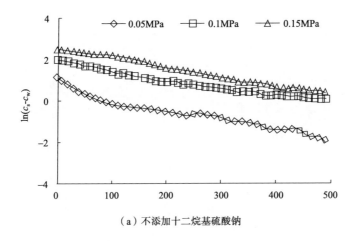

（a）不添加十二烷基硫酸钠

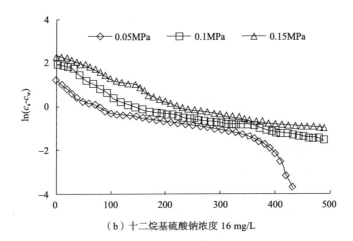

（b）十二烷基硫酸钠浓度 16 mg/L

图 4.2 循环曝气水中溶解氧对数时间动态

自然对数值下降得越快，水中溶解氧越快达到饱和，K_{La} 就越大。由图 4.2 中可以看出，在活性剂条件不变的情况下，随着压力的增大，自然对数值下降速度变慢，K_{La} 变小；而活性剂的添加促进了自然对数值的下降，增大了 K_{La}。可以看到，在添加 16 mg/L 的十二烷基硫酸钠之后，各个压力的 K_{La} 均有所增大，其中 0.05 MPa 条件下自然对数下降得最快，溶解氧在 500 s 之内就达到了饱和。

工作压力和温度条件不同，循环曝气条件下水中溶解氧达到饱和所需的时间和浓度值也不相同。生产中并不要求达到最大掺气比例时进行灌溉，因此可将无活性剂添加条件下达到饱和溶解氧浓度的 90%曝气效果所需要的时间视为当量曝气时间（表 4.1）。

表 4.1　不同压力和活性剂浓度组合下的曝气试验结果

组合条件	温度/℃	溶解氧水平/(mg/L)	当量曝气时间/s	$K_{La}(T)/s^{-1}$	K'_{La}/s^{-1}
P_1C_0	19.8	15.02c	370	0.0591b	0.0595c
P_2C_0	19.5	18.64b	410	0.0373f	0.0380gh
P_3C_0	21.0	22.11a	490	0.0351f	0.0343h
P_1C_1	19.3	15.35c	310	0.0623b	0.0633b
P_2C_1	19.8	18.75b	270	0.0446de	0.0448ef
P_3C_1	20.5	22.36a	240	0.0417e	0.0412fg
P_1C_2	19.0	15.26c	200	0.0706a	0.0722a
P_2C_2	19.9	18.47b	130	0.0546c	0.0547d
P_3C_2	19.5	22.58a	160	0.0476d	0.0482e

注：同一列数据不同小写字母表示在 $P=0.05$ 水平差异显著（LSD）。

循环曝气产生的微气泡与水体接触面增大，氧交换作用加强；同时，产生搅拌作用，增加了水体表面与空气的接触面积，也有利于水体上表面的氧传质发生。本研究表明（表 4.1），当不添加活性剂或添加 5 mg/L 十二烷基硫酸钠时，P_2 和 P_3 压力下的 K'_{La} 均显著低于 P_1（$P<0.05$）；当添加 16 mg/L 十二烷基硫酸钠时，氧传质系数随着压力的增大而降低（$P<0.05$）。表 4.1 还表明，无活性剂添加 C_0 条件下，P_1C_0、P_2C_0 和 P_3C_0 组合达到饱和浓度 90%曝气效果所需要的时间分别为 370 秒、410 秒和 490 秒。在 5 mg/L 十二烷基硫酸钠 C_1 条件下，P_2C_1 和 P_3C_1 组合 K'_{La} 分别为 0.0448 和 0.0412，较 P_2C_0 和 P_3C_0 分别提高了 17.89%和 20.12%。氧气总传质系数的提高使得曝气水中的溶解氧较快地达到饱和：P_1C_1、P_2C_1 和 P_3C_1 达到相同曝气效果所需要的时间分别为 310 秒、270 秒和 240 秒，分别比不添加 SDS 时缩短了 60 秒、140 秒和 250 秒。活性剂浓度 16 mg/L 时，P_1C_2、P_2C_2 和 P_3C_2 组合修正 K'_{La} 分别为 0.0722、0.0547 和 0.0482，较 P_1C_0、P_2C_0 和 P_3C_0 分别提高了 21.34%，43.95%和 40.52%，增幅显著（$P<0.05$）。P_1C_2、P_2C_2 和 P_3C_2 达到相同曝气效果所需要的时间分别为 200 秒、130 秒和 160 秒，分别比不添加 SDS 时缩短了 170 秒、280 秒和 330 秒。可见，活性剂添加提高了循环曝气过程中氧的传输效率，减少当量曝气时间，降低系统耗能，且随着活性剂的浓度增大，能耗降低效果越明显，其中 P_2C_2 和 P_3C_2 的当量曝气时间较短，均在 3 分钟之内。

加入 100mg/L 的氯化钠后进行循环曝气，记录其溶解氧的对数时间动态（图 4.3），每个压力对应的饱和溶解氧、K_{La}、根据温度修正的 K'_{La} 列表如表 4.2 所示。

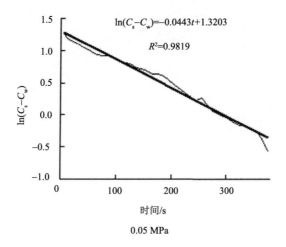

0.05 MPa

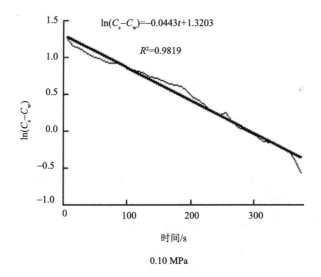

0.10 MPa

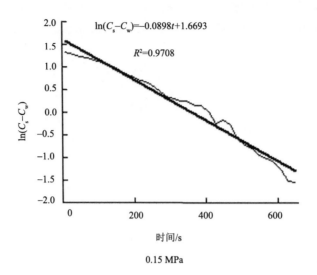

图 4.3　在 100mg/L 氯化钠的条件下循环曝气水中溶解氧对数时间动态

表 4.2　氯化钠在 100 mg/L 时不同压力下的 SDS 水质曝气实验条件

压力/MPa	温度/℃	溶解氧/(mg/L)	K_{La}/s^{-1}	修正 K'_{La}/s^{-1}
0.05	24.9	11.45	0.1443	0.1285
0.10	25.5	14.97	0.1144	0.1004
0.15	26.2	18.79	0.0898	0.0775

由以上可以得知，在氯化钠为 100 mg/L 的条件下，氧传质系数随着压力增加呈现出逐渐降低的趋势。这与前面的几组试验保持着相同的结论。数据拟合点和实际测得点非常接近。拟合度非常好，可决系数均大于 90%。表明试验中所给方程是非常准确的。从下降幅度来看，氧传质系数从 0.5 个大气压到 1.0 个大气压的下降幅度和从 1.0个大气压到 1.5 个大气压的下降幅度很接近。表明在 1.0 个大气压和 1.5 个大气压是比较合适的选择。

这主要是由于尽管电解质离子增强了气泡的液膜，气泡的聚并受到抑制。但是同时 NaCl 随浓度的增加，液相黏度有降低的趋势，由于液相黏度的降低减小水力学阻力，导致气泡聚并作用增强。NaCl 对气泡聚并的双重作用的综合结果导致反应器内气泡的聚并作用是增强的，这样由于气泡的聚并作用直接造成气液接触面的比表面积下降，使得总传质系数升高。

4.3　水气传输特性研究

4.3.1　试验内容

在整个循环曝气灌溉过程中，水气耦合物在管道中的传输是重要的一环，而循环曝气水气两相流产生巨量的微气泡，无法实际测量出管道内部掺气比例（水气比）。在此提出并验证掺气比例理论计算方法，并研究循环曝气条件下不同工作压力和活性剂浓度对掺气比例、水-气传输均匀性的影响，研究可为曝气灌溉系统的优化提供理论依据，对提高地下滴灌系统水分利用效率、降低地下滴灌对环境的不利影响具有重要意义。

4.3.2　试验设计

针对工作压力和活性剂浓度 2 个关键因素设计了多个处理，研究压力和活性剂对滴灌带水气传输的影响。因滴管带最大工作压力为 0.2 MPa，故设置 0.05 MPa（P_1）、0.1 MPa（P_2）、0.15 MPa（P_3）3 个压力水平，较完整地覆盖滴灌带的承压范围。滴管带中 SDS 可能输送浓度为 1～20 mg/L，设计了 0 mg/L、5 mg/L 和 16 mg/L 3 个浓度水平，分别记为 C_0、C_1 和 C_2，共 9 个试验处理。为计算各曝气处理的掺气比例，设置了曝气和非曝气试验，各试验重复 3 次。

图 4.4　试验装置实物图

采用循环曝气系统产生曝气水源（图 4.4）。采用的滴灌带为迷宫式滴灌带，型号为 John Deere water hydrodrip super，直径为 16 mm，壁厚为 0.6 mm，滴头设计流量为 1.2 L/h，滴头间距为 33 cm，最大工作压力为 0.2 MPa。试验装置如图 4.5 所示，滴灌带线路总长为 66 m，水平铺设，每隔 2 m 取 1 个样本点，使用量杯观测每个样本点出水流量。对每个处理先进行非曝气处理试验，然后进行曝气处理试验。通过设置压力控制器工作压力读取首部工作压力，尾部压力通过精密压力表量测，待首部压力稳定后开始试验并读取尾部压力。相同工作压力观测时间设置相同；由于工作压力不同滴头出流速度存在差异，观测时间控制在 15～20 min，集水量以 300 mL 为适。通过活性剂浓度和储水罐中水量计算出所需活性剂质量，溶于水中后通过施肥器加入到储水罐中。

采用量杯收集样本采集点的出水量，根据观测时间计算样本点流量，采用 3 次重复试验的平均值作为该处理的流量（图 4.6）。运用 CQY-3000 针式掺气流速仪（淮河水利委员会水利科学研究院研制），测量曝气条件下水源出口处掺气比例。

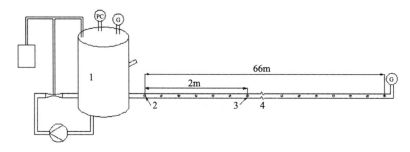

图 4.5 试验装置示意图

1. 循环曝气系统； 2. 取样点 1； 3. 取样点 2； 4. 滴灌带

图 4.6 水量收集

4.3.3　试验原理

1. 掺气比例

由于循环曝气产生巨量微纳米气泡，因气泡过于微小采用排水法测量掺气比例难于实现。循环曝气形成的水气混合物改变了水的运动黏度，进而改变了管道沿程的水头损失，滴灌带的总流量也发生相应变化。因此，可根据王秀康等（2012）提出的管道水头损失公式反求水流运动黏度 v：

$$v = \left(\frac{h_f d^{4.75}}{1.47kFLQ^{1.75}} \right) \tag{4.4}$$

式中，v 为水的运动黏度（cm^2/s）；h_f 为沿程水头损失，由首尾两端的压力差计算（m）；d 为管道内径（mm）；k 为孔口扩大系数，即考虑局部水头损失的扩大系数，为方便滴灌带水分收集，将滴灌带水平放置在搁架上，故将 k 取为 1.07；L 为管道长度（m）；Q 为总流量（L/h）；F 为多口系数，由克里斯琴森（Christiansen）公式（Kang et al.，1995）获得

$$F = \frac{N\left(\dfrac{1}{m+1} + \dfrac{1}{2N} + \dfrac{\sqrt{m-1}}{6N^2} \right) - 1 + x}{N - 1 + x} \tag{4.5}$$

式中，N 为滴头个数；m 为流量指数；x 为流态指数。

因本试验所用的滴灌带是多出水口出流的 PE 塑料管，其流量指数 m 的取值为 1.774，其水流流态为光滑紊流，根据滴灌灌水器迷宫式流道形式得到流态指数 x 取值为 0.52。

刚立等（2004）关于水流黏度与含气量的研究结果表明，在温度等环境因素不变的情况下水流黏度随水中含气量的增加而增加，且呈现为非线性关系，公式如下：

$$\mu_c = \mu(1 + 0.157C_a + 4.445C_a^2) \tag{4.6}$$

式中，μ_c 为掺气水动力黏度（Pa·s）；μ 为未掺气水流动力黏度（Pa·s）；C_a 为掺气比例。

因此，计算出同一条件下曝气处理掺气水和非曝气（非掺气）处理水的运动黏度，利用公式（4.7）将运动黏度 v 转化为动力黏度 μ，计算出曝气处理滴灌带中水流掺气比例 C_a。

$$\mu = \frac{v\rho}{10} \qquad (4.7)$$

式中，μ 为水的动力黏度（Pa·s）；v 为水的运动黏度（cm^2/s）；ρ 为水的密度（g/cm^3）。

2. 均匀性

为了探究水气耦合物使用滴灌带出流的稳定性，使用克里斯琴森均匀系数公式计算其出流均匀性 CUC（Christiansen uniformity coefficient）：

$$CUC = (1 - \frac{D}{M}) \times 100\% \qquad (4.8)$$

式中，$D = \frac{1}{n}\sum_{i=1}^{n}|X_i - M|$，$M$ 为平均流量（L/h）；X_i 为每个滴头的流量（L/h）；n 为滴头数。

4.3.4 曝气处理与非曝气处理的流量对比

试验中发现，在相同工作压力时，曝气处理与非曝气处理的流量并不相同。图 4.7 为 P_1C_0、P_1C_1 和 P_1C_2 条件下在输水方向上沿程的滴头流量。因为 0.05 MPa（P_1）条件时具有较为典型的流量差异，故以压力 P_1 为例进行说明。

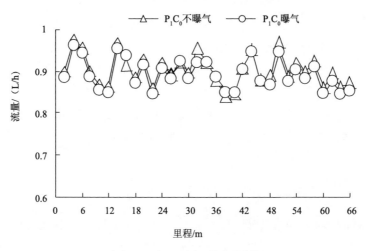

（a）0.05 MPa，无十二烷基硫酸钠

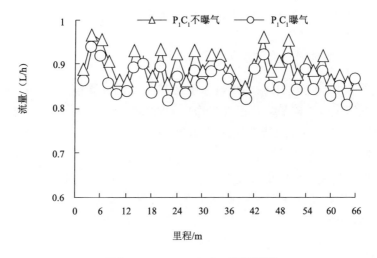

（b）0.05 MPa，5 mg/L 十二烷基硫酸钠

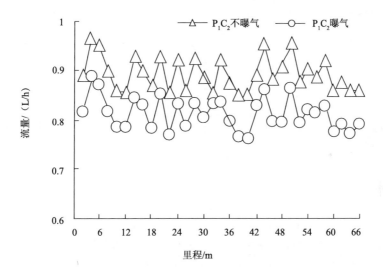

（c）0.05 MPa，16 mg/L 十二烷基硫酸钠

图 4.7　曝气和不曝气的流量对比

　　由图 4.7 可以看出，3 种条件下循环曝气处理的流量均小于非曝气处理的流量，且这个差距随着表面活性剂浓度提高而变大。滴灌带的流量受其中流体的黏度的影响，而表面活性剂浓度的增加提高了流体中的掺气比例，从而使水的黏度增大，减少了水的流量。

4.3.5 工作压力和表面活性剂对循环曝气特性的影响

1. 工作压力和活性剂浓度对掺气比例的影响

表 4.3 为不同组合条件下循环曝气水流的掺气比例计算值。可以看出，在不添加表面活性剂的条件下，水头损失随着工作压力的提高而加大，掺气比例也有增大的趋势。P_1C_0、P_2C_0 和 P_3C_0 的掺气比例分别为 11.79%、14.58%和 16.25%，虽然有所增加，但相邻两个处理差别却不大。由于在常温下水中的溶解氧很少，在循环曝气产生的水气两相流中，大部分氧气以微小气泡的形式均匀地掺于水中。因此，微小气泡的大小、数量以及停留时间影响着曝气的效果。随着工作压力的提高，气泡尺寸减小，气泡稳定性增强，掺气比例增大，曝气效果增强。但是，气泡兼并现象的存在使得压力对掺气比例的提高受到影响。

表 4.3 不同组合条件下掺气比例

组合条件	掺气比例/%	水头损失/m
P_1C_0	11.79e	0.5420c
P_2C_0	14.58cd	0.9297bd
P_3C_0	16.25cd	1.0847ad
P_1C_1	23.80b	0.6198c
P_2C_1	21.92b	0.9427bd
P_3C_1	18.76bc	1.1270ad
P_1C_2	35.94a	0.7231bc
P_2C_2	31.93a	0.9814ad
P_3C_2	23.46b	1.1880a

注：P_1、P_2 和 P_3 分别为 0.05 MPa、0.1 MPa 和 0.15 MPa 时的工作压力；C_0、C_1 和 C_2 分别为 0 mg/L、5 mg/L 和 16 mg/L 时的 SDS 浓度，同一列内数据后不同小写字母表示在 $P=0.05$ 水平差异显著（LSD）。

由表 4.3 可以看出，P_1C_0、P_1C_1 和 P_1C_2 的掺气比例分别为 11.79%、23.80%和 35.94%，P_3C_0、P_3C_1 和 P_3C_2 的掺气比例分别为 16.25%、18.76%和 23.46%。在表面活性剂浓度为 C_0 到 C_2 的范围内，随着表面活性剂浓度增加，掺气比例逐渐增大；且随着工作压力增大，表面活性剂对掺气比例的增强作用逐渐减弱。P_1C_2、P_2C_2 和 P_3C_2 的掺气比例分别为 35.94%、31.93%和 23.46%，较无表面活性剂添加时分别提高了 204.83%、119.00%和 44.37%。有研究指出，表面活性剂的添加提高了气泡表面黏度和弹性，进而使气泡稳定性增强（Liu et al.，2009）。有关于起泡剂和气泡关系的研究表明，在添加起泡剂时，气泡的尺寸显著减小，气泡之间的兼并作用也随之减弱（王德燕等，2006）。还有研究显示表面活性剂可以增长气泡在水体中的停留时间，提高掺气量（陈旭露等，2013）。由上文可以看出，本试验添加表面活性剂也增加了掺气比例，这与其他研究结论一致。

而在已添加表面活性剂且表面活性剂添加量相同时，随着工作压力的增加掺气比例呈现下降的趋势；而且这个趋势随着表面活性剂的浓度增大变得越来越明显。压力增大及表面活性剂的添加都能减小气泡的尺寸，这两个措施共同作用导致过于微小的气泡大量增多，而这些过于微小的气泡并不能长时间地存在于水中，最终导致掺气比例发生下降。总之，在表面活性剂浓度一定时，混合水体的掺气比例随着工作压力的增加呈现下降趋势，且工作压力越大这个趋势越明显。

2. 工作压力和活性剂浓度对水气传输均匀性的影响

表 4.4 是不同组合条件的出水均匀性。结果显示，工作压力与活性剂浓度对出水均匀性无明显影响。各个组合的流量均匀性均在 95% 以上，均匀性较好。P_1C_2、P_2C_2 和 P_3C_2 的平均流量分别为 0.814 L/h、1.229 L/h 和 1.506 L/h，与非曝气处理相比分别减小 0.081 L/h、0.034 L/h 和 0.016 L/h。曝气条件下，P_1C_2 比 P_2C_2 平均流量降低了 33.77%，P_2C_2 比 P_3C_2 平均流量下降了 18.39%。

表 4.4　不同组合条件下的流量均匀度

组合条件	非曝气处理		曝气处理	
	平均流量/（L/h）	CUC/%	平均流量/（L/h）	CUC/%
P_1C_0	0.903	96.68	0.893	96.64
P_2C_0	1.278	96.56	1.258	96.42
P_3C_0	1.560	96.47	1.530	96.22
P_1C_1	0.897	96.79	0.865	96.75
P_2C_1	1.266	96.70	1.226	96.41
P_3C_1	1.518	96.91	1.466	95.51
P_1C_2	0.895	96.76	0.814	96.68
P_2C_2	1.263	96.75	1.229	96.42
P_3C_2	1.522	96.45	1.506	96.35

出水均匀性是评价滴灌系统性能的重要指标。出水均匀性不仅受滴灌带布置情况、滴头间距、管道自身条件的影响，还受到水质条件的影响。由表 4.4 可以看出，各处理的出水均匀度均在 95% 以上，流量均匀度没有受到明显的负面影响。

在循环曝气条件下，滴灌带各样本点的平均流量一般小于非曝气处理的流量。这可能是由于循环曝气将气体掺入水中，水气混合物通过滴头一并流出，这些水中含有的气体会占据一部分体积，导致单位时间滴头的出水流量减少。曝气处理对滴头流量的减少处于一个可以接受的范围之内，对灌溉速率的影响较小。

通过不同条件下曝气与非曝气处理流量差可计算出气均匀度（表 4.5）。表 4.5 结果表明，表面活性剂的添加使出气均匀性均达到 70% 以上，其中 P_1C_2 和 P_2C_2 的出气均匀度分别达到 83.07% 和 79.85%。但是由于一些微小气泡在传输过程中存在兼并作用，出气均匀性相对于出水均匀性有了一定程度的下降，水气传输呈现出一定的不均匀性。

表 4.5　不同组合条件的出气均匀度

组合条件	出气均匀度	组合条件	出气均匀度	组合条件	出气均匀度
P_1C_0	73.30%	P_1C_1	72.09%	P_1C_2	83.07%
P_2C_0	75.23%	P_2C_1	75.79%	P_2C_2	79.85%
P_3C_0	71.53%	P_3C_1	70.60%	P_3C_2	71.75%

4.3.6　不同组合条件下掺气比例计算值与测量值比较

不同条件下循环曝气水的掺气比例列于表 4.6。从表中可以看出，不同组合条件下滴灌带出流计算值和掺气比例的测量值之间的相对误差均维持在 8% 以内。对掺气比例观测值与实测值进行回归分析（图 4.8）发现，不同处理掺气比例的观测值与实测值之间的吻合性较好，到达极显著相关性水平。研究表明，掺气水体掺气比例计算方法是可信的，水气传输过程中水气浓度沿程相对稳定。

表 4.6　曝气水源掺气比例测量结果

组合条件	计算值/%	实测值/ %	相对误差/%
P_1C_0	11.79e	11.92d	1.09
P_2C_0	14.58cd	15.20cd	4.08
P_3C_0	16.25cd	16.85cd	3.56
P_1C_1	23.80b	25.58b	7.48
P_2C_1	21.92b	20.97be	4.53
P_3C_1	18.76bc	18.62ce	0.75
P_1C_2	35.94a	34.62a	3.81
P_2C_2	31.93a	30.84a	3.53
P_3C_2	23.46b	22.55b	4.04

注：同一列数据不同的小写字母表示在 $P=0.05$ 水平差异显著（LSD）。

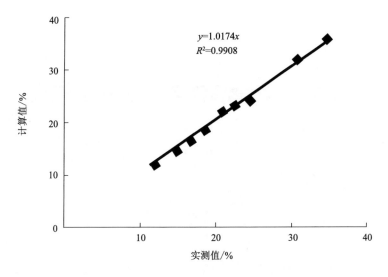

图 4.8　掺气比例实测值和计算值的对比

4.4　本 章 小 结

（1）活性剂浓度一定条件下，随着工作压力增加，氧传质系数呈下降趋势。压力一定条件下，随活性剂浓度升高氧传质系数提高。与无活性剂处理相比，添加活性剂后曝气时间大幅缩短；氯化钠也可以提高氧传质系数，增强曝气效率。

（2）无活性剂添加条件下，工作压力 0.10 MPa 和 0.15 MPa 时循环曝气水中的掺气比例显著（$P<0.05$）高于 0.05 MPa；工作压力一定时，随着活性剂浓度的增加，掺气比例逐渐升高；活性剂浓度一定时，随工作压力的增加掺气比例呈下降趋势。

（3）曝气处理流量均匀性保持在 95% 以上，曝气灌溉对出水流量均匀性的影响不明显。曝气处理出气均匀度维持在 70% 以上。

（4）试验条件下掺气比例的观测值与计算值之间的相对误差小于 8%，表明曝气水流掺气比例计算方法可靠。

综合考虑出流速率、运行成本以及掺气比例等因素，组合条件 0.10 MPa 和 5 mg/L 十二烷基硫酸钠为适宜的推荐组合。由于 SDS 活性剂对作物以及土壤的影响还未知，在不添加活性剂条件下 0.10 MPa 较为适宜。

第5章　水气耦合灌溉的生物效应研究

在确定了循环曝气较为适宜的工作条件后，水气耦合灌溉对作物的影响以及对各种土壤的适用性还需要进一步的研究。

5.1　试验区概况

试验于河南省郑州市郑东新区华北水利水电大学农业高效用水试验场进行，该地位于 113°14′E，34°27′N，属于半干旱区旱作农业区，北温带大陆性季风气候，四季分明、冷暖适中。年日照时数约 2400 小时，年平均气温 14.4℃，无霜期 220 天。使用的温室型号为 V96，建筑总面积 537.6 m²，跨度 9.6 m，开间 4 m（图 5.1）。

图 5.1　温室外观图

5.2　试　验　设　计

5.2.1　砂壤土循环曝气地下滴灌的辣椒响应试验

本试验于 2012 年 10 月至 2013 年 5 月进行，以河南省郑州市砂壤土为供试土壤，土壤容重为 1.60 g/cm^3，pH 为 8.84，有机质含量为 4.80 g/kg，速效磷含量为 4.73 mg/kg，速效钾含量为 59.95 mg/kg，碱解氮含量为 11.35 mg/kg；供试辣椒品种为康大系列大果型牛角辣椒新品种'康大 601'（图 5.2）。

图 5.2　温室辣椒试验

本试验设置了两个因素（工作压力 G 及滴灌带埋深 D），其中工作压力设置了不曝气对照处理（G$_0$）、循环曝气压力为 0.1 MPa 的循环曝气灌溉（G$_1$，掺气比例约为 15%）、循环曝气压力为 0.2 MPa 的循环曝气灌溉（G$_2$，掺气比例约为 18%）3 个水平，滴灌带埋深设置了地表滴灌（D$_0$）、滴灌带埋深 10 cm（D$_{10}$）、滴灌带埋深 20 cm（D$_{20}$）3 个水平，其中地表处理仅使用普通滴灌作为对照，这样共组成了 7 个处理，分别为 D$_0$G$_0$、D$_{10}$G$_0$、D$_{10}$G$_1$、D$_{10}$G$_2$、D$_{20}$G$_0$、D$_{20}$G$_1$ 和 D$_{20}$G$_2$，每个处理有 3 个重复，共 21 个小区。小区采用双垄种植，垄宽 40 cm，高 15 cm，长度为 4.1 m，行距为 80 cm，株距为 40 cm，每垄种植辣椒 22～25 株。为防止水分侧渗，相邻小区间用埋深 80 cm 的地膜相隔。在距离定植行 20 cm 处铺设地下滴灌带，每条滴灌带灌溉 1 垄作物，采用 John Deer 滴灌带供水，每个小区供水管路单独控制，并均设有精密计量水表（试验布置见图 5.3）。

辣椒秧苗定植时灌足缓苗水。稳苗后进行灌溉，灌溉前曝气处理要进行 20min 循环曝气。使用温室内的 ϕ601B 型蒸发皿控制灌溉水量，两次灌水间隔内蒸发皿的蒸发量即为单次灌水量。

1#	2#	3#	4# D_0G_0
5# $D_{10}G_0$	6# $D_{20}G_0$	7# $D_{20}G_1$	8# $D_{10}G_1$
9# $D_{10}G_1$	10# $D_{20}G_2$	11# $D_{10}G_2$	12# $D_{20}G_0$

门
口

13# $D_{20}G_1$	14# $D_{10}G_0$	15# D_0G_0	16# $D_{20}G_2$
17# $D_{10}G_2$	18# $D_{20}G_2$	19# $D_{10}G_1$	20# $D_{20}G_0$
21# D_0G_0	22# $D_{20}G_1$	23# $D_{10}G_2$	24# $D_{10}G_0$

图 5.3　温室辣椒小区平面布置简图

灌水量与蒸发皿蒸发量之间的关系由式（5.1）计算：

$$I = A \times E_\mathrm{p} \times K_\mathrm{p} \tag{5.1}$$

式中，I 为每次各处理相应的灌水量（L）；A 为小区表面积（m²）；E_p 为两次灌水之间 ϕ601B 型蒸发皿的蒸发量（mm）；K_p 为蒸发皿系数（这里取 1.0）。

5.2.2　桶栽条件下不同土壤曝气灌溉辣椒响应试验

采用循环曝气灌溉系统提供不同曝气灌溉水源进行试验。采用 Netfilm 滴灌管供水，埋深 10 cm，滴灌管上用毛管连接有 Netfim 滴头，滴头出水量为 2.2 L/h，辣椒定植点距滴头约 5 cm，于当年 10 月上旬定植，生长期为 135 天，之后取样分析相关指标。其他喷药、施肥、剪枝等田间管理均依照常规进行。试验中，试验桶下底直径 24 cm，上口直径 33 cm，高 37 cm。桶底部有 8 个直径大约为 1.5 cm 的小孔，装土风干重为 13.5 kg。桶施基肥磷酸二氢钾 2.91 g，尿素 6.48 g，有机肥 20.00 g。第一次灌至 85%田间持水量。使用温室内的 ϕ20 型蒸发皿控制灌溉水量，两次灌水间隔内蒸发皿的蒸发量即为单次灌水量。单次灌水量计算方法同 5.2.1 节（试验布置见图 5.4）。

设置的处理有：不曝气对照处理（用 G_0 表示），内循环曝气压力为 0.1 MPa 的曝气灌溉（用 G_1 表示，掺气浓度为 7%），内循环曝气压力为 0.2MPa 的曝气灌溉处理（用 G_2 表示，掺气浓度为 13%），以及南阳黏壤土（N）、洛阳粉质黏壤土（F）和郑州砂壤土（S）。共计组成 9 个处理，分别为 NG_0、NG_1、NG_2、FG_0、FG_1、FG_2、SG_O、SG_1、SG_2，每个处理 6 次重复。

图 5.4　桶栽辣椒试验

5.2.3　不同土壤条件下循环曝气灌溉冬小麦响应试验

本次试验于 2012 年 10 月至 2013 年 5 月进行，所采用的冬小麦品种为'矮抗 58'，该品种抗冻性强，春季生长稳健，蘖多秆壮，高抗倒伏，饱满度好，根系活力强。

试验选取了 4 种土壤，其基本理化性质参见表 5.1。

表 5.1　土壤理化性质

地点	编号	土壤类型	pH	速效磷/(mg/kg)	速效钾/(mg/kg)	碱解氮/(mg/kg)	有机质/(mg/kg)
郑州	ZZ	砂土	8.84	4.73	59.95	11.35	4.83
洛阳	LY	红黏土	8.05	5.49	124.39	51.13	14.91
南阳	NY	黄褐土	6.33	6.07	101.95	67.06	16.18
商丘	SQ	两合土	8.27	1.43	61.47	38.44	10.35

本试验的冬小麦均采取半埋式桶栽，放置桶栽前在盆底撒一层细沙；试验用桶直径 29 cm，高 50 cm，每盆放入 30 kg 土壤，定植 13 株；所有桶栽在种植前均加入适当肥料并搅拌均匀，4 种土壤每种选取 12 桶，其中 6 桶为曝气处理，进行循环曝气地下滴灌；另外 6 桶进行普通滴灌作为对照。这样共 8 个处理，每个处理 6 个重复，

共 48 个。

所有桶栽试验均采用地下滴灌的灌水方式，滴头埋深 10 cm。对照灌水使用自来水，将供水压力控制在 1.0 个大气压；曝气处理采用循环曝气方式，灌水前使用曝气装置循环掺气 15 分钟后进行灌水，通过自动压力控制器使压力控制在 1.0 个大气压，此时掺气比例约为 15%。每次灌水达到 85% 的田间持水率，灌水周期根据田间持水率来确定，通过称重法测得数据计算出田间持水率。

桶栽试验桶内为一个密闭环境，并不受地表径流及地下水影响，另外冬小麦生育期间采取移动大棚遮挡降水，故降水量 P 为 0，冬小麦耗水量可根据土壤水量平衡方程计算：

$$ET = I - \Delta W \tag{5.2}$$

式中，ET 为冬小麦耗水量（mm）；I 为灌溉量（mm）；ΔW 为桶内土壤含水量变化值（mm）。

5.2.4 黄黏土循环曝气地下滴灌温室番茄响应试验

本试验于 2013 年 10 月至 2014 年 5 月进行，采用河南省中牟县黄河淤积黄黏土为供试土壤，其土壤容重为 1.42 g/cm³，pH 为 8.05，有机质含量为 11.91 g/kg，速效磷含量为 5.49 mg/kg，速效钾含量为 98.39 mg/kg，碱解氮含量为 41.13 mg/kg；以优质番茄品种'红粉冠军'为试验材料，全生育期为 180 天左右，使用营养钵育苗，秧苗 3 叶 1 心至 4 叶 1 心时定植，定植时浇透底水，定植后在垄上覆盖塑料薄膜（图 5.5）。

图 5.5 温室番茄试验

采用的承压水箱体积为 200 L，使用循环水泵将承压水箱中的水循环通过文丘里射流器进行循环曝气，最终可以形成均匀的水气耦合物。承压水箱处设置有自动压力控制器和空压机，起到控制并稳定水源处压力的作用，通过控制水源处压力来调控掺气比，本试验采用的压力为 0.1 MPa，此时的掺气比约为 15%。在实施灌溉时，首先进行循环曝气直到掺气比例稳定后再进行灌溉。

试验设置了 8 个小区，曝气处理及对照处理各占一半，不同处理之间采用插花式间隔布置。为了防止不同小区之间水分相互干扰，小区之间埋设 60 cm 深的塑料膜。小区为长×宽 4.1 m×2.1 m 的矩形，使用 John Deere 地下滴灌带进行供水，各个小区按照宽窄行布置 3 条滴灌带，滴灌带直径 16 mm，滴头设计流量为 1.2 L/h，滴头间距 33 cm，最大工作压力 2.0 个大气压。采用的滴灌带埋深为 10 cm，植株按照滴头间距布置，定植点距滴灌带约 10 cm。各个小区供水管路单独控制，均设有精密计量水表记录水量。

番茄秧苗于 2013 年 10 月初定植，定植时浇灌足够的缓苗水。在稳苗后进行灌溉，曝气处理灌溉前要进行 20 分钟循环曝气，以保证掺气比例稳定。由于采用的承压水箱体积为 200 L，灌溉时同一处理 4 个小区同时灌水，所以每次每小区灌水量为 50 L，根据 ϕ601B 型蒸发皿的蒸发量确定灌水时间，3～7 天补充灌溉一次并记录灌水量。

灌水量的控制方法与温室辣椒试验相同，见公式（5.1）。

本试验采用的番茄品种全生育期为 180 天左右，2014 年 4 月底为番茄生育期末期。

5.3　试验观测项目

5.3.1　土壤含水率

温室番茄试验的土壤含水率采样点为 "S" 形分布，采集 0～40 cm 深度的土壤样品，每 10 cm 采集一个，采集点距滴灌带的横向距离为 10 cm，每个小区采样点的相对位置一致。使用烘干法测定土壤含水率。测定时间为灌溉结束后 8 小时，之后隔 3 天测定一次，在两个连续的灌水周期进行观测。结果数据采用相同处理 4 个小区的平均值。

桶栽冬小麦试验中初始土壤含水量的测定采用烘干法。在其他时段采用称重法计算其含水量，分别在小麦灌水前及灌水后测定其质量，计算土壤的质量含水量。

5.3.2　茎粗

温室番茄试验茎粗测量，使用游标卡尺测量番茄植株第 2～3 片叶间茎干直径，在每个小区中随机选取 6 株测定。结果使用同一处理 4 个小区所有的 24 株的平均值。

5.3.3　气孔导度

采用英国 Delta-T 公司的 AP4 型动态气孔计测定气孔导度（图 5.6）。该仪器可用来定量测量各种因素对气孔行为的影响，可方便、重复、准确地计算出气孔阻力及气孔导度。为了使所测数据受外界影响较小，所选取叶片均处于植株自顶尖起第 2 对叶片处，取多个叶片的平均值作为该次测量的值。

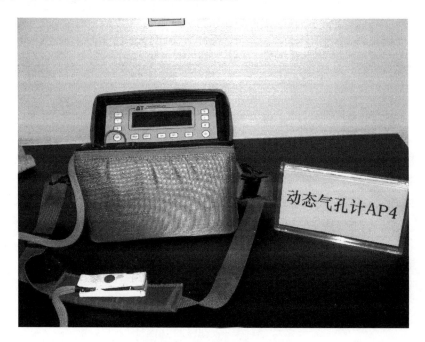

图 5.6　AP4 型动态气孔计

5.3.4　根系

温室辣椒试验根系的测定：辣椒采取干重之比衡量其根冠比，测量前需要进行杀青并烘干。在辣椒的成熟期，每小区选取两株植株挖取根系，将根和地上部分在 105℃下杀青 30 分钟后，在 75℃下烘至恒重。根表面积采用亚甲基蓝吸附法测定（张志良和瞿伟菁，2003）；根体积采用排水法测定。根系活力取一级侧根根尖采用 TTC 法测定（张治安和张美善，2005）。

温室番茄试验根冠比的测定：在番茄的生育期末期，每小区选取两株植株挖取根系，称其地表部分鲜重和地下部分鲜重，计算其根冠比；使用直尺测量番茄根系的最大长度。将相同处理 4 个小区结果取平均值。

桶栽辣椒试验根冠比的测定：辣椒成熟期后，将根和地上部分（不包含辣椒果）分开后装入纸袋，先用电子天平分别称其鲜重，然后在 105℃下杀青 30 分钟后，在 75℃恒温下烘至恒重，分别称其干重并计算其根冠比。根冠比是根干重与地上部干重之比。

5.3.5　产量

温室辣椒试验产量的测定：将相同处理 3 个重复的测数结果取平均值作为该处理的结果。计算每种处理的单株产量，并用总重除以 3 个小区的面积和（24.6 m²），得到每种处理的单位面积产量。

桶栽辣椒试验产量的测定：对同一株同一时期的辣椒进行称重，取其平均值作为辣椒的单重。在结果期测量所有植株的辣椒数量，根据单重估算辣椒产量。

冬小麦试验产量的测定：试验采用单株产量来衡量小麦产量，在测得每盆的总产量后，计算其有效穗数，计算出单株产量。小麦产量及千粒重采取 6 个重复的平均值。

温室番茄试验产量的测定：使用 0.01 g 电子天平称量。每个小区的果实单独测定，统计每小区果实数量并计算小区产量及每个小区的单果产量。各个处理的总产量采取相同处理 4 个小区产量的总值，各处理的单果产量采用同处理 4 个小区单果产量平均值。

5.3.6　叶面积指数

温室辣椒叶面积指数的测定使用美国安中达公司生产的 AccuPAR LP80 型冠层分析仪测定叶面积指数。仪器可以自动计算太阳偏离顶点的角度（Z），通过设置叶角分布参数（X）、辐射比率（Fb）和测量的上下冠层 PAR 的比率（τ），计算出冠层的单位土地面积上叶片的面积（LAI）值（图 5.7）。

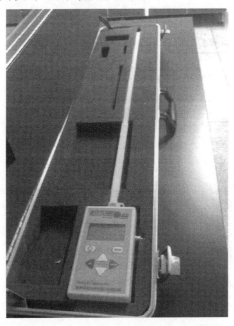

图 5.7　AccuPAR LP80 型冠层分析仪

5.3.7 品质

冬小麦试验采用小麦千粒重检验种子的质量,千粒重是 1000 粒种子的质量,以克为单位,它是表现种子大小与饱满程度的一项指标。

温室番茄试验在 2014 年 2～3 月进行了番茄品质的测量,共进行了 3 次,测量时从每个小区中选择 3 个成熟度相近的果实。使用排水法测量其果实体积,并根据果实质量计算出果实密度;使用 2, 6-二氯靛酚滴定法测定番茄果实的维生素 C 含量;使用果实硬度测量仪测定果实硬度;使用手持式折光糖度仪测定番茄果实中的可溶性固形物含量;采用酸碱滴定法测定总酸。同一处理 4 个小区 3 次测量的平均值作为该处理的值。

5.4 砂壤土条件下循环曝气地下滴灌温室辣椒的响应

通过对砂壤质土壤下不同曝气压力和滴灌带埋深下辣椒的响应研究,探讨循环曝气灌溉适宜的生产组合,为循环曝气灌溉的实际应用提供指导。

5.4.1 循环曝气地下滴灌辣椒气孔阻力

气孔导度表示植物气孔的开张程度,影响植物的蒸腾作用、光合作用和呼吸作用,气孔阻力与气孔导度成反比。本试验共 4 次对大棚内各处理辣椒叶片的气孔阻力进行了测试,结果如表 5.2 所示。

表 5.2　不同掺气滴灌处理叶片气孔阻力

处理	气孔阻力/（s/cm）				
	4 月 24 日	5 月 7 日	5 月 13 日	5 月 19 日	平均值
D_0G_0	2.81	2.02	1.3	1.89	2.01
$D_{10}G_0$	2.7	2.16	1.49	2.52	2.22
$D_{20}G_0$	2.61	2.00	2.46	2.01	2.27
$D_{10}G_1$	2.69	1.40	1.37	1.35	1.70
$D_{20}G_1$	2.78	1.48	2.48	1.55	2.07
$D_{10}G_2$	3.34	1.59	1.54	1.69	2.04
$D_{20}G_2$	3.25	2.11	2.59	1.82	2.44

从表 5.2 中可以看出,气孔阻力随着滴灌带埋深的增加而增加,尤其是在 G_2 情况下,差距更是表现得异常明显,$D_{20}G_2$ 处理的气孔阻力比 $D_{10}G_2$ 处理增加了 20%。不管是在 D_{10} 还是在 D_{20} 情况下,G_1 的气孔阻力总是小于 G_0 和 G_2 的情况。而在 D_{10} 时,

G_0 的气孔阻力比 G_2 的略大，在 D_{20} 情况下，G_0 的气孔阻力却比 G_2 的略小。

在循环曝气压力相同的条件下，气孔阻力随滴灌带埋深的增加而增加，地表滴灌条件下的气孔阻力最小，这可能是由于郑州砂壤土本身的土壤环境对空气的要求不高，曝气灌溉反而降低了土壤含水率，导致辣椒气孔阻力增大。在滴灌带埋深相同的条件下，气孔阻力随循环曝气压力的增大均呈现出先减小再增大的趋势，这说明不曝气和过量曝气对辣椒的蒸腾和呼吸作用均有阻碍作用，G_1 气孔阻力最小，原因是这种条件正好是促进植物根系生长的最佳选择。从整个试验看来，$D_{10}G_1$ 处理条件下的气孔阻力数值普遍较小且稳定，$D_{10}G_1$ 为一个较佳的处理方案。

5.4.2　循环曝气地下滴灌辣椒叶面积指数

不同处理对温室小区辣椒末期叶面积指数的影响如图 5.8 所示。

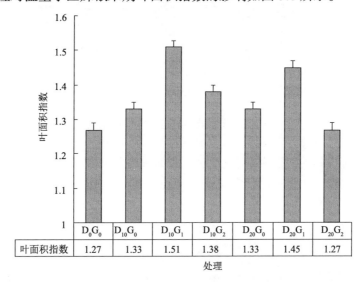

	D_0G_0	$D_{10}G_0$	$D_{10}G_1$	$D_{10}G_2$	$D_{20}G_0$	$D_{20}G_1$	$D_{20}G_2$
叶面积指数	1.27	1.33	1.51	1.38	1.33	1.45	1.27

处理

图 5.8　不同处理温室辣椒叶面积指数

由图 5.8 可以看出：在曝气处理下，叶面积指数随着滴灌带埋深增加呈现减小的趋势；而在不曝气的情况下，$D_{10}G_0$ 和 $D_{20}G_0$ 之间的辣椒叶面积指数几乎没有差异且大于 D_0G_0，分别增大了 4.72% 和 4.72%。这表明在曝气条件下，滴头埋深的增加会影响植物叶片的生长，这可能是因为辣椒主要根系集中在 20 cm 以上的区域，过深的滴头埋深导致 D_{20} 处理的辣椒叶片长势不如其他处理。在滴灌带埋深相同时，叶面积指数随着掺气量的增加呈先增加后减少的趋势，在 G_1 时达到最大值。这说明 0.1 MPa 的工作压力下曝气灌溉较适合辣椒叶片的生长。综合看来，$D_{10}G_1$ 处理对辣椒叶片的生长更为有利。

5.4.3　循环曝气地下滴灌辣椒根冠比

本试验采用了根系干重和地上部干重之比值作为根冠比，其大小反映了植物地下部分和地上部分的相关性，植株的根系越旺盛，其根冠比越大，吸水能力越强。图 5.9 为不同处理条件下辣椒根冠比测量结果。

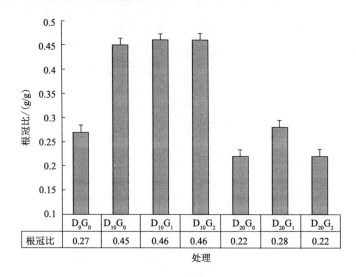

图 5.9　不同处理温室辣椒根冠比

从图 5.9 可以看出：在不曝气情况下，随着滴灌带埋深的增加，根冠比先增大后减小，在滴头埋深为 10 cm 时达到最大，相较于其他处理，D_{10} 灌溉处理植物地下部的生长更为有利。在 G_1 和 G_2 情况下，根冠比随滴灌带埋深增加而减小，这一现象可能是由于地下部分和地上部分生长不平衡造成的。在郑州砂壤土环境下，过深的滴头埋深使得水分分布不均，无法满足辣椒根系对水分的需求，因此影响辣椒的地下部生长，导致根冠比减小。

总体看来，在砂壤土条件下，滴头埋深 10 cm 较为适合温室辣椒的根系生长，受曝气的影响较小，这可能是郑州砂壤土本身性质导致的。

5.4.4　循环曝气地下滴灌辣椒根系生长

1. 曝气地下滴灌对辣椒根系生长发育的影响

不同滴头埋深条件对辣椒根系生长发育（根系活性长度、根系表面积、根系体积）的影响结果见表 5.3。

表5.3　不同掺气地下滴灌对单株辣椒根系生长发育的影响

不同处理	根系长度/cm	根系表面积/cm^2	根系体积/cm^3
D_0G_0	31.64	13.33	0.46
$D_{10}G_0$	41.33	23.67	1.45
$D_{20}G_0$	33.85	15.41	0.90
$D_{10}G_1$	38.61	20.93	1.16
$D_{20}G_1$	30.33	12.78	0.82
$D_{10}G_2$	36.77	19.46	1.06
$D_{20}G_2$	29.89	12.01	0.73

　　总体来说，滴头埋设深度对根系生长发育表现为促进作用。不曝气对照条件下，$D_{10}G_0$ 和 $D_{20}G_0$ 的根系活性长度分别增大30.63%和6.98%；根系表面积分别增大77.57% 和 15.60%；根系体积分别增大 215.22%和 95.65%，并且 $D_{10}G_0$ 大于 $D_{20}G_0$，$D_{10}G_1$ 大于 $D_{20}G_1$，$D_{10}G_2$ 大于 $D_{20}G_2$。说明滴头埋深能促进辣椒根系的生长发育，滴头埋深 10 cm 较埋深 20 cm 的效果显著。

2. 掺气地下滴灌对辣椒根系活力的影响

　　由图 5.10 可知，相较于对照处理，两种不同埋深对根系活力的影响具有明显的变化，并且 10 cm 埋深的变化最为明显，$D_{10}G_0$ 比 $D_{20}G_0$ 增大 14.91%，$D_{10}G_1$ 比 $D_{20}G_1$ 增大 11.65%，$D_{10}G_2$ 比 $D_{20}G_2$ 增大 16.42%。说明滴头埋深对辣椒的根系活力具有促进作用，且 10 cm 滴头埋深对辣椒根系活力的影响较大。

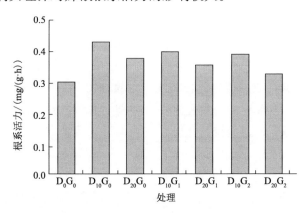

图 5.10　曝气灌溉对单株辣椒根系活力的影响

　　相同滴头埋深下的不同掺气比例对辣椒根系活力的影响：相对于不曝气对照组，砂壤质土壤条件下曝气灌溉的根系活力呈现不同程度的降低。这与供试的土壤质地类型具有很大的关系。郑州砂壤土容重大，土壤孔隙度大，其在砂壤土生长发育过程中，根区水分快速入渗，植物并不缺氧，因此在砂壤土进行掺气灌溉并没有达到理想的效果，但这点需要进一步研究克服。

5.4.5　循环曝气地下滴灌辣椒产量

本试验采用单株产量来衡量辣椒产量，不同处理对温室辣椒单株产量的影响见图5.11。

由图5.10可以看出：相对于地表滴灌，地下滴灌可以促进辣椒果实的生长，且受到滴灌带埋深的影响。在 G_0、G_1 和 G_2 条件下，D_{10} 产量较 D_{20} 产量分别增加了22.22%、13.75%和15.58%。这说明地下滴灌确实可以提高辣椒单株鲜果重，并且10 cm滴灌带埋深对辣椒单株鲜果重的影响较大。

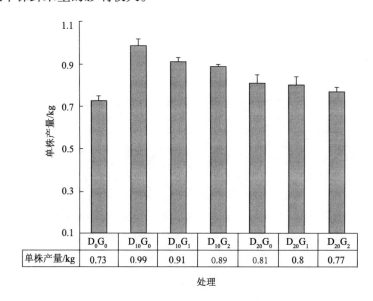

处理	D_0G_0	$D_{10}G_0$	$D_{10}G_1$	$D_{10}G_2$	$D_{20}G_0$	$D_{20}G_1$	$D_{20}G_2$
单株产量/kg	0.73	0.99	0.91	0.89	0.81	0.8	0.77

图 5.11　不同处理温室辣椒单株产量

与不曝气对照处理相比，随着循环曝气压力的增大，辣椒单株鲜果重呈减少趋势。可以看出，G_0 和 G_1 处理辣椒的产量几乎没有差别，当增加到 G_2 时，小区产量的减小颇为明显。因此，$D_{10}G_1$ 处理是较为适合温室辣椒曝气灌溉方案。

5.4.6　小结

本试验通过设置不同的曝气工作压力和滴灌带埋深，研究循环曝气地下滴灌对温室辣椒的影响，以期来得到较为适宜的工作压力和滴灌带埋深。主要结论如下：

（1）在工作压力不变的情况下，随着滴灌带埋深的增加，温室辣椒的叶片面积指数、单株产量及根冠比均呈现出先升高后降低的趋势，最大值均出现在10 cm埋深处。这说明10 cm滴灌带埋深对辣椒叶片生长有显著的促进作用。而气孔阻力随滴灌带埋深的增加而增加。在滴灌带埋深相同的情况下，0.1 MPa能显著提高单位土地上叶片面积指数，0.1 MPa 工作压力对温室辣椒的生长较为有益。

（2）砂壤质土壤条件下较深的滴头埋深更利于温室辣椒根系的生长发育、根系活力的增加及产量的提高。辣椒根系长度及根系体积均呈先增大后降低的变化趋势，10 cm 埋深的辣椒的根系生长、根系活力及产量的值最优，0 cm 埋深的值最小，因此，10 cm 的滴头埋深是较为适宜的。

（3）地下滴灌可以提高辣椒单株产量，且 10 cm 滴头埋深对辣椒单株鲜果重的影响最大；对照处理和 0.1 MPa 处理辣椒产量均大于 0.2 MPa 处理，两者之间差距不大。这可能由于砂壤土孔隙度较大，植株在砂壤土生长发育过程中，根系并不缺少空气，因此在砂壤土进行曝气灌溉并没有达到理想的效果，但这点需要进一步研究。总体而言，10 cm 滴灌带埋深和 0.1 MPa 是较为适合的工作组合。

5.5　桶栽条件下不同土壤曝气灌溉辣椒响应

5.5.1　曝气灌溉对桶栽辣椒生物量的影响

不同土壤曝气灌溉对辣椒生物量的影响，见图 5.12。

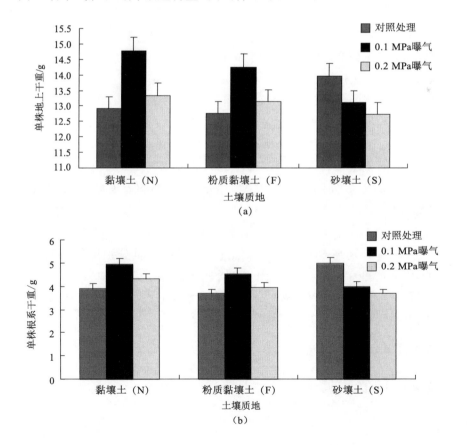

（a）

（b）

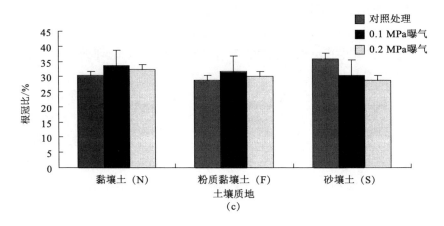

图 5.12　不同土壤曝气灌溉对辣椒生物量的影响

(a)单株地上干重；(b)单株根系干重；(c)根冠比

由图 5.12 可知，相同土壤条件下，与对照试验 NG_0 相比较，NG_1 的地上部干重增加 15.79%，根系干重增加 34.48%，根冠比增加 16.14%；NG_2 的地上部干重增加 4.50%，根系干重增加 17.24%，根冠比增加 12.20%。与对照试验 FG_0 相比较，FG_1 的地上部干重增加 11.92%，根系干重增加 19.71%，根冠比增加 6.96%；FG_2 的地上部干重增加 1.53%，根系干重增加 4.12%，根冠比增加 2.54%。与对照试验 SG_0 相比较，SG_1 的地上部干重减少 6.10%，根系干重减少 19.92%，根冠比减少 14.72%；SG_2 的地上部干重减少 8.69%，根系干重减少 26.28%，根冠比减少 19.26%。曝气灌溉在不同程度上提高作物根系对水分及养分的吸收，促进了辣椒干物质的积累。通过比较，0.1 MPa 掺气量下辣椒的干物质积累量大于 0.2 MPa 掺气量时的干物质重。不同土壤条件下，FG_0 条件下的辣椒生物量均小于 SG_0 与 NG_0 辣椒的生物量。地上部干重分别减少 8.07%、8.53%，根系干重分别减少 23.51%、26.14%，根冠比分别减少 16.80%、19.25%。NG_1 分别与 FG_1 和 SG_1 相比较，地上部干重分别增加 9.58%、12.78%，根系干重增加 14.34%、24.02%，根冠比增加 4.35%、9.97%。NG_2 分别与 FG_2 和 SG_2 相比较，地上部干重分别增加 2.23%、4.68%，地下部干重增加 8.03%、17.45%，根冠比增加 5.67%、12.20%。

说明不同土壤质地对辣椒生物量影响差别较大。通过比较，G_1 辣椒的干物质积累量大于 G_2 的干物质重，且 NG_1 为最优。

5.5.2　曝气灌溉对桶栽辣椒产量的影响

曝气灌溉对辣椒产量的影响见图 5.13。

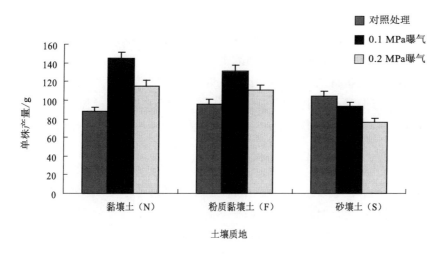

图 5.13　曝气灌溉对辣椒单株产量的影响

曝气灌溉对辣椒鲜果重的影响可以得出：NG_1 的辣椒产量较 NG_0 增加 65.02%；NG_2 比 NG_0 的辣椒产量增加 31.56%；FG_1 比 FG_0 的辣椒产量增加 36.93%；FG_2 比 FG_0 的辣椒产量增加 15.11%；SG_0 比 SG_1 的辣椒产量增加 11.15%；SG_0 比 SG_2 的辣椒产量增加 27.07%。相同掺气量条件下，NG_0 比 SG_0 的辣椒产量降低 16.24%，FG_0 比 SG_0 辣椒产量降低 8.60%；NG_1 比 SG_1 辣椒产量增加 55.56% ，FG_1 比 SG_1 辣椒产量增加 40.86%；NG_2 比 SG_2 辣椒产量增加 51.09%，FG_2 比 SG_2 辣椒产量增加 44.26%。

说明曝气灌溉显著增加了辣椒产量，NG_1 下的产量最大，其次是 FG_1。

5.5.3　小结

通过对曝气灌溉条件下不同土壤辣椒生物量和产量的响应研究，主要结论如下：

（1）相同土壤类型，不同掺气量对温室辣椒生物量及产量的影响具有明显差异。其中，$NG_1 > NG_2 > NG_0$，$SG_1 > SG_2 > SG_0$，$FG_0 > FG_1 > FG_2$。曝气灌溉可以明显改善砂黏壤土和黏壤土的土壤环境，从而使作物的生物量及产量得到提高。

（2）相同掺气量时，不同土壤类型的辣椒生物量及产量均呈现显著差异。在 0.1MPa 掺气量条件下，辣椒生物量及产量呈现 $NG_1 > FG_1 > SG_1$ 的趋势，在 0.2MPa 掺气量条件下，辣椒生物量及产量也都呈现 $NG_2 > FG_2 > SG_2$ 的趋势。但是在不掺气条件下的结果不同，辣椒生物量及产量均呈现 $SG_0 > FG_0 > NG_0$ 的趋势，表明土壤疏松、透气性大的土壤，作物生长发育较好，曝气灌溉效果不明显。

5.6　不同土壤类型下循环曝气灌溉冬小麦响应

曝气地下滴灌可使根区土壤氧气浓度得到提高，且浅层土壤氧气浓度要大于深层土壤。当温度和水分相近时，曝气灌溉使得土壤 CO_2 排放增加，土壤中含碳物质化学氧化作用加强，从而促进土壤呼吸，改善作物根区的缺氧状况，对作物的生长有着积极影响。然而不同的土壤类型有着不同的土壤氧气状况，砂壤土对循环曝气灌溉影响并不理想，循环曝气灌溉系统在不同土壤条件下的适用性还需要进一步的研究。通过桶栽冬小麦试验初步对不同土壤条件下循环曝气冬小麦的生长及耗水特性展开研究，以期为循环曝气地下滴灌技术的应用提供实践指导和理论依据。

5.6.1 循环曝气地下滴灌冬小麦耗水特性

不同土壤条件下土壤含水率的变化反映了不同处理冬小麦的耗水情况，本试验以 2013 年 4 月 6 日为起始时间，图 5.14 是不同土壤冬小麦曝气处理及对照处理的土壤质量含水率的变化曲线。由图 5.14 可以看出，相对于对照处理，洛阳土壤和南阳土壤的曝气处理土壤含水量总体一致，曝气处理含水率下降速度略微大一点；而对于商丘土壤和郑州土壤，曝气处理含水率下降速度小于对照处理。

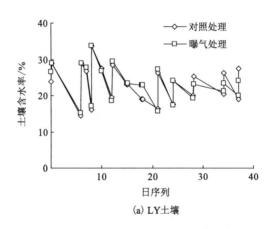

(a) LY土壤

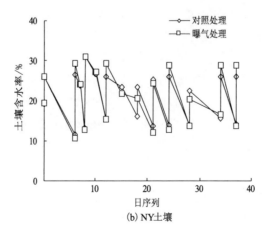

(b) NY土壤

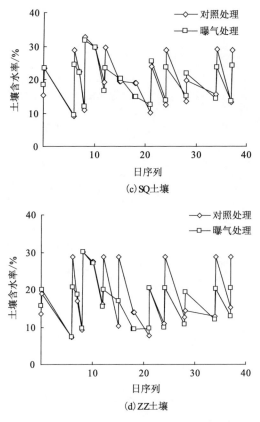

(c) SQ土壤

(d) ZZ土壤

图 5.14　不同土壤类型冬小麦土壤含水率

图 5.15 是不同处理冬小麦日耗水强度变化图。从图中可以看出,与对照处理相比,洛阳、南阳和商丘土壤曝气处理的日耗水量大体变化不大($P > 0.05$),曝气处理与对照处理之间的差异并不显著。在第 13 天前郑州土壤的日耗水量曝气处理和对照处理基本相同,而后曝气处理要大于对照处理,存在显著性差异($P \leqslant 0.05$)。在第 10 天左右洛阳土壤和商丘土壤两种处理的日耗水量都达到最大值,且此时的曝气处理要大于对照处理,但南阳土壤和郑州土壤日耗水量最大值却要小于对照处理。

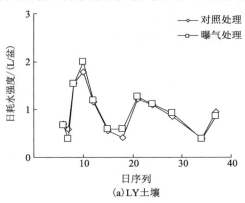

(a) LY土壤

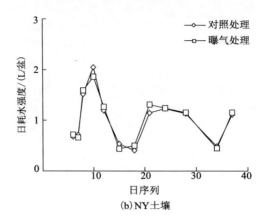

(b) NY 土壤

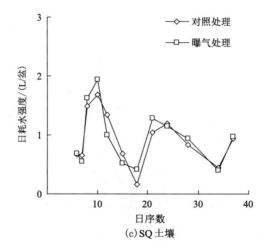

(c) SQ 土壤

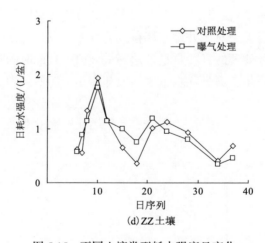

(d) ZZ 土壤

图 5.15 不同土壤类型耗水强度日变化

　　图 5.16 是不同土壤类型冬小麦的耗水总量。从图中看出，在试验过程中 4 种土壤类型的总耗水量为南阳 >洛阳 >商丘 >郑州，但是均表现出曝气处理高于对照处理的特点。

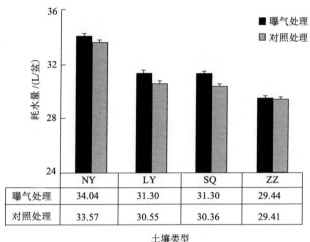

图 5.16　不同处理冬小麦耗水总量

土壤类型	NY	LY	SQ	ZZ
曝气处理	34.04	31.30	31.30	29.44
对照处理	33.57	30.55	30.36	29.41

　　水分是植物干物质积累的重要因子之一。与对照处理相比，洛阳、南阳和商丘土壤的曝气处理日耗水量大体相同，而郑州土壤差距较大。已经有大量的试验表明，改善作物根区的缺氧状况可以显著增强作物的根系活力。洛阳土壤和商丘土壤在第 10 天左右日耗水量达到最大值时表现出曝气处理要大于对照处理的趋势，这正是由于此时冬小麦正处于生长旺盛的时期，循环曝气地下滴灌改善了冬小麦根区的缺氧状况，使土壤气体中的 O_2 浓度升高，为根系的有氧呼吸提供合适的气体环境，增强了根系活力，使根系对水分的吸收作用增强。由于不同的土壤类型氧气需求也不相同，单一的掺气比例不能满足所有土壤类型的需求，南阳土壤和郑州土壤在日耗水量达到最大值时曝气处理小于对照处理，4 种土壤冬小麦的日耗水量差异较大。4 种土壤试验过程中的总耗水量大小为南阳>洛阳>商丘>郑州，均表现为曝气处理大于对照处理的情况。总体而言，在以 0.1 MPa 左右的工作压力（掺气比例约为 15%）进行循环曝气地下滴灌时，冬小麦的生长情况有所增强，而总的耗水量相应变大，对曝气处理采取稍高的灌溉定额可能会对作物的生长更为有利。

5.6.2　循环曝气地下滴灌冬小麦气孔阻力

　　图 5.17 为冬小麦拔节、孕穗期间 4 次气孔阻力测定的结果。气孔阻力的大小与气孔的开闭程度有关，与蒸腾作用成反比，反映了作物的蒸腾作用强弱。4 种土壤的气孔阻力表现情况并不一致，其中郑州土壤和商丘土壤曝气处理气孔阻力明显小于对照

处理，分别小 66.72%和 61.47%，差异具有显著性（$P \leq 0.05$），而洛阳土壤和南阳土壤差异不显著（$P > 0.05$）。由于气孔阻力受到外界环境的影响较大，未能明确何种土壤下冬小麦叶片的蒸腾作用受到曝气处理的影响较大，但是仍可以看出冬小麦的蒸腾作用受到曝气处理的影响而增大。

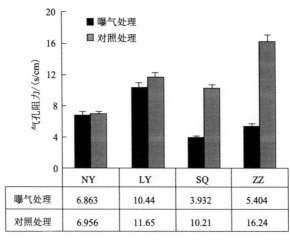

	NY	LY	SQ	ZZ
曝气处理	6.863	10.44	3.932	5.404
对照处理	6.956	11.65	10.21	16.24

土壤类型

图 5.17　不同处理冬小麦气孔阻力

4 种土壤的气孔阻力表现情况并不一致，其中郑州土壤和商丘土壤可以较为明显地看出曝气处理对气孔阻力的影响，这两种土壤下曝气处理气孔阻力的减小说明了循环曝气地下滴灌增强了小麦的根系活力，促进了根系对水分和其他营养物质的吸收和运输，进而增强了叶片的蒸腾作用。但是已经有关于根际通气的研究，表现出根际通气对盆栽玉米蒸腾量的影响很小（牛文全和郭超，2010），与本试验的结果并不一致。这可能是由于不同作物以及不同土壤类型有着不同的土壤氧气需求，向根区输入氧气对植株蒸腾的影响并不能一概而论，它的有益与否还需要具体试验的检验，况且植株叶片的蒸腾作用受光照、温度和湿度等因素的影响很大，曝气对植株蒸腾作用的影响机制还有待进一步研究。

5.6.3　循环曝气地下滴灌对冬小麦产量的影响

由于外界试验环境的影响，不同处理的冬小麦株数并不一致，这影响了冬小麦的产量，故采用冬小麦的单株产量表达冬小麦的产量。图 5.18 即是循环曝气地下滴灌下不同土壤冬小麦的单株产量。从图中可以看出，相对于对照处理，洛阳土壤曝气处理产量增加了 12.58%，差异较显著（$P \leq 0.05$），而南阳、商丘和郑州土壤的产量差异并不明显（$P > 0.05$）。

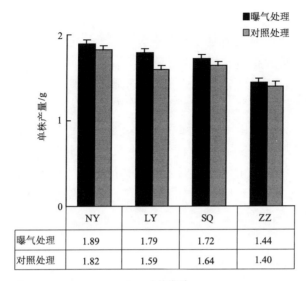

图 5.18　不同处理冬小麦单株产量

图 5.19 为不同土壤循环曝气地下滴灌冬小麦的千粒重。可以看出，相对于对照处理，洛阳土壤的曝气处理千粒重增大了 12.23%，存在显著性差异（$P \leq 0.05$），而南阳、商丘和郑州土壤曝气处理与对照处理之间的差异并不显著（$P > 0.05$）。

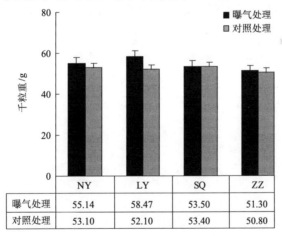

图 5.19　不同处理冬小麦千粒重

已有研究证明，番茄的产量受根区缺氧环境影响较大，改善缺氧状况可以提高番茄产量，但目前关于作物对循环曝气的响应的研究还很少。在本试验中，南阳、商丘和郑州土壤曝气处理和对照处理的产量并没有明显差异，而洛阳土壤曝气处理产量则有着明显改善。这与上节中温室辣椒在郑州砂壤土条件下曝气处理对产量作用不明显的结论一致。张璇等（2011）的研究表明，番茄植株的生长速度受过量通气的影响而相应减缓，这可能是由于大量土壤孔隙中的水分由于过量通气而被排除，根系的效率由于水分的下降而降低，植株的产量也受到影响，这说明不同的土壤类型对土壤气体环境的需求并不一致，不是所有情况都能从循环曝气灌溉中收益，应该针对不同的土壤设置不同的曝气参数和灌溉制度，这需要进一步的研究。千粒重与产量的趋势相同，南阳、商丘和郑州3种土壤的曝气处理与对照处理的差异也不明显，而洛阳土壤下冬小麦的品质有着明显改善。这可能是由于洛阳土壤为洛阳红黏土，属于黏质土壤类型，根系土壤的缺氧状况相对突出，对15%水气比的循环曝气地下滴灌更为适应。不同的土壤类型对不同的土壤根系环境有着不同的需求，选用合适的曝气参数对不同的土壤类型作物种植有着重要的意义。

5.6.4　小结

本试验针对不同土壤类型下循环曝气地下滴灌对冬小麦的影响，研究不同土壤条件下循环曝气对作物的影响。结果显示，循环曝气地下滴灌对冬小麦的干物质积累及植株的蒸腾作用都有增强作用，还可以改善冬小麦的产量。

（1）循环曝气地下滴灌可以增强小麦的根系活力，但冬小麦的整体耗水量有所提高。

（2）循环曝气地下滴灌郑州土壤和商丘土壤曝气处理气孔阻力下降了 66.72%和61.47%，循环曝气地下滴灌促进了植株的蒸腾作用。而洛阳土壤和南阳土壤气孔阻力差异不显著。

（3）无论是产量还是千粒重，洛阳土壤曝气处理均优于对照处理，分别增加了12.58%和12.23%；而南阳、郑州和商丘土壤曝气处理和对照处理差异却不明显。

由此可见，洛阳土壤为黏质土壤，冬小麦在循环曝气地下滴灌条件下有显著性的增产效果，且作物品质也有一定的改善。

5.7　黄黏土循环曝气地下滴灌温室番茄响应研究

适宜的工作压力及黄黏土土壤类型下，将循环曝气灌溉技术应用到温室番茄栽培中，研究其对番茄生理特性、产量及品质的影响，为循环曝气灌溉技术的应用提供具体的理论依据和实践指导。

5.7.1　循环曝气地下滴灌番茄根区土壤含水率

3月下旬至4月上旬是番茄生长的盛果期，正处于耗水旺盛阶段，土壤含水量变化可以反映曝气处理对作物耗水情况的影响。图5.20给出番茄结果期内两个连续灌水周期曝气处理和对照处理的4个层次土壤含水率变化曲线。

由图 5.20 可见，虽然曝气处理土壤含水率较高，但曝气处理与对照处理土壤含水率变化趋势基本上是一致的。采样时期处于番茄生育中后期，两个处理的土壤含水率的初始值并不一致，在这里将每个灌水周期土壤含水率之差视为这个周期作物的耗水量。可以看出，在这两个连续灌水周期中，曝气处理 10～40 cm 4 层土壤水分消耗量分别为 3.29%、3.54%、4.32%和 4.46%；对照处理分别为 3.44%、4.95%、4.01%和 4.34%，二者之间差异不显著。有研究指出，曝气灌溉对土壤水分影响不大，土壤含水率主要受灌水量的影响（尹晓霞，2014）。这与本试验番茄耗水量结果一致，而前文中冬小麦曝气处理的耗水量增加可能是受到灌水量的影响，与作物类型不同也有一定的关系。

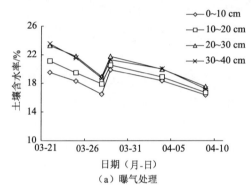

（a）曝气处理

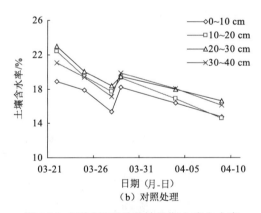

（b）对照处理

图 5.20　不同处理番茄结果期土壤含水率

5.7.2　循环曝气地下滴灌番茄茎粗

图 5.21 给出不同处理下茎粗的测量结果，曝气处理的番茄茎粗与对照处理差异不大，较对照处理仅增加了 1.87%。

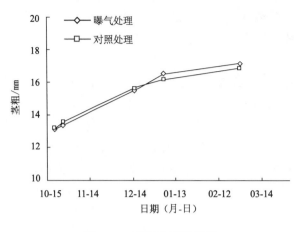

图 5.21　不同处理的茎粗

由图 5.21 可以看出,在循环曝气条件下,茎粗的变化并不明显。这与张璇等(2011)根区通气促进了番茄茎粗生长的结果不完全一致,可能是由于二者番茄品种、土壤环境等条件的差异造成的。循环曝气对番茄茎粗的生长影响并不显著,这也从侧面印证了循环曝气对作物耗水量的影响不大。另外,在番茄的生育过程中,茎粗的生长速度呈现先快后慢的态势,这是由于在番茄植株进入成熟期后,吸收的养分主要供给番茄果实,植株开始衰老,生长相应放缓。

5.7.3　循环曝气地下滴灌番茄气孔导度

气孔导度的大小对植物的蒸腾作用、光合作用和呼吸作用影响较大,它与外界环境的变化有很大关系。图 5.22 给出了 4 次番茄叶片气孔导度的测量结果。由图中可以看出,曝气处理的气孔导度整体要大于对照处理,平均值增长了 30.51%。3 次监测结果曝气处理的气孔导度分别增大了 33.52%、37.73% 和 24.03%,均有显著性差异。

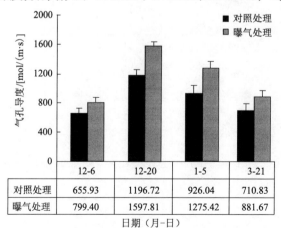

日期(月-日)	12-6	12-20	1-5	3-21
对照处理	655.93	1196.72	926.04	710.83
曝气处理	799.40	1597.81	1275.42	881.67

图 5.22　不同处理的番茄气孔导度

温室中番茄叶片的气孔导度除了受土壤水分的制约以外，还受到气温及大气湿度等多种环境因子的影响。在番茄气孔导度 4 次测量结果中，有 3 次呈现出显著性差异。总之，曝气灌溉可以增强番茄叶片的光合作用，促进植株旺盛生长。前文所提到的曝气处理使得植株气孔阻力减小和本试验的结论有着相同的意义。

5.7.4　循环曝气地下滴灌番茄根系特征

本试验的根冠比采用了根鲜重和地上部分鲜重之比值，其大小反映了植物地下部分和地上部分的相关性，其根冠比越大，就意味着植株根系越旺盛，吸水能力越强。图 5.23 为两种处理条件下番茄根系测量结果。由图中可以看出，曝气处理根冠比较对照处理大，平均增大了 25.81%，差异具有显著性。曝气处理可以促进根系的生长，与对照处理相比，曝气处理最大根长增大了 16.75%。

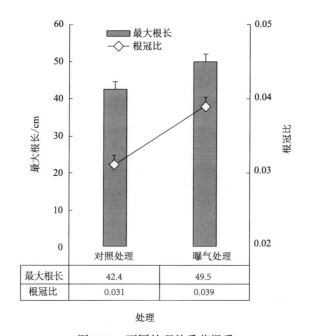

	对照处理	曝气处理
最大根长	42.4	49.5
根冠比	0.031	0.039

处理

图 5.23　不同处理的番茄根系

作物根系的生长状况直接影响到其地上部分的生长发育，根际土壤氧气缺乏时作物根系吸收能力会受到影响，其生长将会受到抑制。前面关于温室辣椒的研究表明，改善作物根区缺氧状况可使作物根系活力达到最优，根系体积扩大，不定根及细根量增多，根系生长增强。与对照处理相比，曝气处理根冠比和最大根长都得到提高。这与 Bhattarai 等（2008）关于曝气处理使大豆和南瓜的最大根长增大的结果一致。

5.7.5　循环曝气地下滴灌番茄产量、水分生产效率和果实品质

番茄采摘期较长，试验期间共采收 8 次。各月份产量、各自占总产量比例和水分利用效率列于表 5.4，番茄产量的累积过程见图 5.24。

表 5.4　番茄不同时期果实产量、其占总产量比例以及水分利用效率

处理	1 月		2 月		3 月		4 月		总产量/kg	水分利用效率/(kg·m⁻³)
	产量/kg	比率/%	产量/kg	比率/%	产量/kg	比率/%	产量/kg	比率/%		
曝气	25.04	17.43	54.96	38.36	39.38	27.49	23.90	16.68	143.28a	21.90a
对照	17.79	14.99	46.27	38.98	37.67	31.74	16.96	14.29	118.69b	18.14b

注：表中产量为同一处理 4 个重复产量的总和，同一列内数据后不同小写字母表示在 $P=0.05$ 水平差异显著（LSD）。

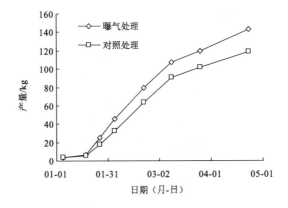

图 5.24　不同处理的番茄产量

结果表明，与对照处理相比曝气处理番茄产量提高了 20.72%，二者存在显著性差异。从整个收获期来看，曝气处理促进了番茄的早熟，具体表现为 1 月和 3 月产量分别占其总产量的 17.48% 和 27.48%，对照处理的分别为 14.99% 和 31.74%。由于本试验采用统一的灌溉定额，曝气处理及对照处理全生育期灌溉定额均为 190 mm。在水分利用效率方面，曝气处理番茄水分利用效率为 21.90 kg/m³，对照处理为 18.14 kg/m³，曝气处理较对照处理提高了 20.73%，二者之间差异性显著。

表 5.5 给出了不同处理条件下番茄品质的测定结果。与对照处理相比，曝气处理维生素 C 含量增加了 13.29%，可溶性固形物增加了 8.65%，糖酸比增加了 21.99%；总酸和硬度却呈现相反的变化规律，曝气处理的总酸含量降低了 16.39%，硬度降低了 11.07%；番茄单果质量以及果实密度结果差异不显著。

表 5.5　不同处理的番茄果实品质

处理	单果重 /g	果实密度 /(kg/m³)	总酸 /(g·100/g)	可溶性固形物 /%	糖酸比	维生素 C 含量 /(mg/100 g)	硬度 /(10⁵ Pa)
曝气	149.77a	1.03a	0.51a	4.90a	9.54a	13.38a	4.66a
对照	146.64a	1.02a	0.61b	4.51b	7.82b	11.81b	5.24b

注：同一列内数据后不同小写字母表示在 $P=0.05$ 水平差异显著(LSD)。

高产、优质是农业生产追求的主要目标。对植物而言，根区土壤缺氧会使根部向冠部传递缺氧信号，影响包括营养离子、水和植物生长素在内的生长物质的运输和储存，导致作物产量和品质的降低(Pendergast et al., 2013)。Bhattarai 和 Midmore(2009)的研究证实了根区缺氧会限制作物的生长这一现象。曝气处理缓解了根区土壤缺氧状况，植株生长旺盛；加快植物根系代谢速率，促进根系生长，表现为作物植株、叶片旺盛生长，果实产量增加(Bagatur, 2014; Bhattarai et al., 2004)。改善根区土壤氧气及养分运输状况对作物品质也有着很大的影响(Bhattarai et al., 2010)。与对照相比，曝气处理总产量有了较大幅度提高，这与 Abuarab 等(2013)在玉米产量受到曝气处理的增产效果相一致。

在整个采收期，前 5 次采收累积产量较后 3 次有显著提高，番茄的上市时间得以提前。且自第二次采收以来，曝气处理与对照处理之间的差异逐渐显现，到第八次采果时累积产量差异达到最大，曝气处理对作物产量提高有渐进效果(陈新明等，2010)。作物的水分利用效率和产量有着密切关系。一般情况下，如果作物产量高，作物的水分利用效率就高。结果表明，曝气处理与对照处理相比，番茄产量和水分利用效率都得到提高。在果实品质方面，维生素 C 含量、糖酸比是反映番茄口感的关键指标，曝气处理的维生素 C 含量、可溶性固形物和糖酸比都有了显著提高，而总酸含量和硬度有所降低。曝气灌溉不仅提高了番茄的产量，也提高番茄的营养价值，改善了番茄的品质和风味。甲宗霞等(2011)关于加气灌溉的研究同样证明了改善根区缺氧环境可以提高番茄品质。

5.7.6　小结

温室小区番茄试验表明，在以黄河淤土黄黏土为供试土壤时，曝气灌溉可以改善根系环境，促进番茄生长，提高番茄产量和果实品质，对根系生长也有有利的影响。主要结果如下：

（1）曝气灌溉使番茄植株呼吸活动增强，曝气处理的气孔导度增大 30.51%。

（2）较对照处理，曝气处理的产量和水分利用效率有显著提升，并且对番茄进行曝气处理促使番茄早熟。

（3）与对照处理相比，曝气灌溉可以改善番茄的营养价值和风味，番茄的维生素

C 含量、可溶性固形物和糖酸比都有了显著提高。

（4）曝气处理可以使番茄活力增强，促进根系生长。曝气处理根冠比和最大根长较对照处理分别增大了 25.81%和 16.75%。

第6章 水气耦合滴灌的作物-土壤环境响应研究

通过水气耦合灌溉菠萝、小麦以及棉花的试验，以不曝气灌溉为对照处理，监测土壤呼吸、土壤水分-氧气状况、土壤微生物、作物产量和作物品质等关键指标，研究水气耦合灌溉对作物-土壤环境的影响，探索水气耦合灌溉对作物的影响机制。为水气耦合灌溉的推广应用提供技术参数和理论基础。

6.1 试验区概况

6.1.1 菠萝试验区

菠萝试验于 2007~2010 年进行，试验地点为澳大利亚昆士兰州耶蓬镇的谷辛迪加菠萝农场，处于 23°9′S，150°42′E，为半干旱热带气候，试验面积为 2.15 hm²。供试土壤类型为石灰质砂壤土，有机碳含量为 0.68%~1.2%，总氮含量 0.06%~0.09%，硝酸钾含量 25~139 mg/kg，总磷 18~39 mg/kg。1994~2015 年多年平均降水量为 947.7 mm，年平均最高、最低气温分别为 25.8℃和 18.5℃。研究时段内月降雨量及气温见图 6.1。

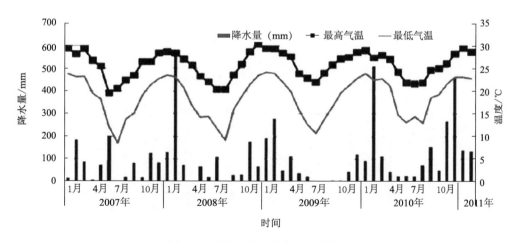

图 6.1 月降雨量及最高、最低气温

6.1.2 小麦试验区

小麦试验于 2008～2010 年进行,试验地点为澳大利亚中央昆士兰大学,该地位于 23°22′S,150°31′E,为半干旱热带气候,年均降水量 700 mm。试验使用了两种供试土壤,分别为砂姜黑土和富铁土,分别取自昆士兰州中部罗克汉普顿的 Gracemere(23°24′36″S,150°27′07″E)和 Rossmoya(23°02′38″S,150°28′10″E)。采用长×宽×高为 3.10 m×0.85 m×0.58 m 的混凝土种植池,共 16 个,其中 8 个装填有砂姜黑土,另 8 个填装有富铁土。采集土壤时,富铁土密度为 1.4 g/cm^3,田间持水量 29%,pH 6.4,土壤总氮、总磷和总钾分别为 0.22%、29 mg/kg 和 262 mg/kg,土壤有机碳含量为 2.0%;而砂姜黑土的密度为 1.3 g/cm^3,田间持水量 43%,pH7.4,土壤总氮、总磷和总钾为 0.15%、138 mg/kg 和 506 mg/kg,土壤有机碳含量为 2.5%。1953～2015 年多年平均降水量为 811.5 mm,年平均最高、最低气温分别为 28.4℃和 16.7℃。研究时段内植物生长季气温及降水量见图 6.2 和图 6.3。

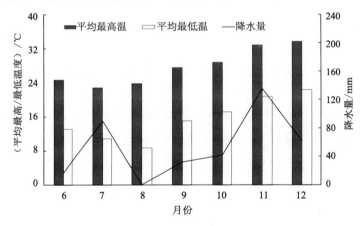

图 6.2　2008 年试验地气候条件

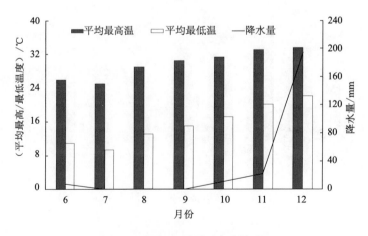

图 6.3　2009 年试验地气候条件

6.1.3 棉花试验区

棉花试验于 2007～2009 年进行，试验地点与小麦相同，两种作物轮作。试验期间降水量及平均最低气温最低见图 6.4。

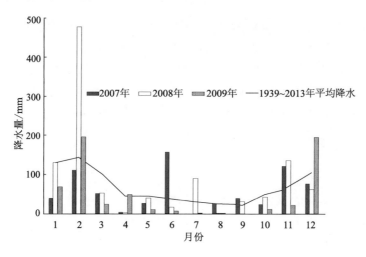

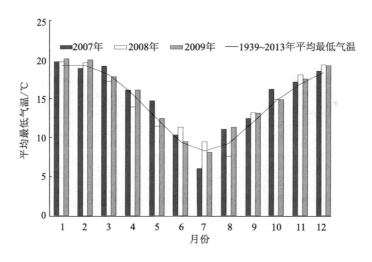

图 6.4 试验期间降水量及平均最低气温分布

6.2 试 验 设 计

6.2.1 菠萝试验设计

菠萝试验设有曝气地下滴灌和不曝气地下滴灌两种处理，采用随机区组排列。使用美国Mazzei公司提供的一个1583™文丘里空气射流器向灌溉水中曝气。空气射流器安装在田间小区的首部，进口处掺气比约为12%。两个处理在14块田间试验场（平均尺寸16 m×70 m）7个重复。其中，7块地为曝气地下滴灌处理，另外7块地为不曝气地下滴灌作为对照。有3个相邻的地块不进行灌溉（但投入的肥料、杀菌剂和杀虫剂是相同的），作为第三个处理（无灌溉）进行比较。

空气射流器被安装在田间距离第一小区3 m处，而水泵被安装在水源处距离地块约1 km处。在空气射流器安装点控制入口压力为310 kPa。保持空气射流器入口和出口的压力是310 kPa 和103 kPa ，保持灌溉水的掺气比为12%。滴灌带采用澳大利亚普拉斯托公司制造的压力补偿式滴灌带，滴头间距为30 cm，滴头流量为1.2 L/h，滴灌带埋在距离土壤表面15 cm处，每条滴管带铺设在两行作物中间，铺设长度在50～80 m。

6.2.2　小麦试验设计

试验设计是一个包括两个主要因素的完全随机组合设计：2 种土壤类型和 3 种曝气方式。曝气处理包括一个 Mazzei 384 空气射流器（入口压力为 276 kPa、出口压力为 83 kPa 曝气装置）、Seair 扩散系统™（入口和出口压力分别是 103 kPa 和 83 kPa）以及对照处理。曝气处理设置 3 次重复，对照处理 2 次重复，共计 16 个水泥混凝土池。6 种实验处理方式为 BS（黑土，SEAIR 扩散系统），BM（黑土，Mazzei®空气射流器），BC（黑土，对照），RS（红壤，SEAIR 扩散系统），RM（红色的土壤，Mazzei®空气射流器），和 RC（红色的土壤，对照），具体布置方式见图 6.5。

RC2	BC1
BM3	RM1
RS3	RC1
BC2	BM1
BS3	BS1
RS2	RM2
BM2	RS1
RM3	BS2

图 6.5　实验布置方式

B. 黑土；R. 红土；C. 对照；M. Mazzei®空气射流器；S. SEAIR 扩散系统

6.2.3　棉花试验设计

试验按 3 因素 2 水平设计。3 因素分别为土壤类型（Vertiso-砂姜黑土和 Ferrosol-富铁土），滴头埋深（30 cm 和 10 cm），曝气处理（曝气和对照），采用随机完整区组设计，共 8 个处理。滴头埋深 30 cm 的 4 个处理每个处理 3 次重复，埋深 10 cm 的 4 个处理没有设置重复，共 16 个桶栽。

选用的棉花品种为 Bollgard 11[R]型岱字棉，共种植两季，第一季于 2007 年 12 月

27 日种植，于 2008 年 7 月 12 日收获，曝气处理在 2008 年 2 月 1 日开始进行；第二季于 2008 年 10 月 25 日种植，于 2009 年 3 月 6 日收获，于 2008 年 11 月 19 日开始进行曝气。棉花种植行与行之间间隔 72 cm，每棵之间间隔 10 cm。

使用美国 Mazzei 公司提供的一个 384™ 文丘里空气射流器向灌溉水中曝气，进口处掺气比约为 12%。滴头埋深为 10 cm 和 30 cm，滴头流量为 2 L/h。具体的试验布设如图 6.6 所示。

BCD	ROD
RCD	BOD
ROD	RCD
BOD	BCD
BOD	BCS
RCD	ROS
ROD	BOS
BCD	RCS

图 6.6　试验设置图

B. 黑土（砂姜黑土）；R. 红土（富铁土）；C. 对照；O. 曝气；S. 浅（10 cm）；D. 深（30 cm）

6.3　试　验　监　测

6.3.1　菠萝试验

1. 土壤水分

土壤水分使用校准过的 GLRL 传感器进行监测，传感器埋设深度为 10 cm、20 cm、30 cm 和 40 cm，每 15 分钟自动记录一次数据。每个处理设置一个监测点。根据 20 cm 深的传感器读数确定灌溉时间，当土壤水分下降到田间持水量的 50% 时进行灌溉。田间入口处安装有水表记录灌水量，田间安装有自动气象站监测降雨量。

2. 土壤氧气

在两个滴头中间 15 cm 深处埋设传感器进行土壤氧气监测。使用的传感器型号为 PSt3 型氧敏感光纤维探头及 Fibox-3 微氧仪（PreSens GmbH，德国）。传感器记录水气耦合灌溉前后 4 天的读数，即从灌溉前 2 天到灌溉后 2 天。

3. 作物干物质分配

采取地上部和地下部之比衡量其根冠比，测量前进行杀青并烘干。在 2008 年 11

月22日和2010年1月15日进行根系测量，选取完整植株进行测量，将根和地上部分在105℃下杀青30分钟后，在70℃下烘至恒重。记录下新鲜的和烘干的植株各部分质量。

4. 作物产量

作物产量根据两个尺度进行监测，一个是试验总产量，另一个是销售产量。对于小区收获而言，所有的果实均在采样小区（2行2列16株）果实成熟时采摘。分别统计冠芽生长期与蘖芽生长期的果实数量、质量。每次收获均记录下不同处理的产量，并计算其平均产量。

5. 作物品质

使用成熟果实进行作物品质的检测。对果实进行果实大小、密度、质量、形状、白利糖度以及风味的检测。每个处理选择20～50个果实进行测量，记录平均值。

6. 水分利用效率

作物水分利用效率可用灌溉水利用效率（IWUE）及总水分利用效率表征（GWUE）。IWUE为单位数量灌溉水生产的果实量（kg/m^3），GWUE为单位数量作物耗水所生产的果实数量（kg/m^3）。

7. 土壤理化性质

通过测量土壤紧实度、土壤容重和土壤孔隙度以及土壤有机碳等对土壤物理和化学性质的变化进行评估，并且对菠萝的氮素进行评估。土壤紧实度利用Remek CP4011土锥针穿硬度计在土壤表面至35 cm埋深之间测定。土壤水分样品在50 cm的深度进行收集，并进行流出液数量和养分分析，硝酸盐检测使用润湿锋探测器。地下溶液样品通过放置在20 cm和50 cm深度的陶瓷溶液取样器来收集，并以此来确定土壤剖面养分运移。在蘖芽生长期生长结束的时候，通过采集深度为20 cm、直径为8.6 cm的土柱，饱和状态下、田间持水量及干土条件下的土壤容积、根系密度和孔隙度根据Peverill等（2002）的方法进行检测。

8. 土壤微生物和疫病

使用荧光素二乙酸酯水解活性（FDA）方法作为分析土壤微生物量的替代措施。在蘖芽生长收获期距离滴头10 cm处、深度10 cm处采集土壤样品。试验数据采用Adam和Duncan所描述的FDA方法进行分析。对每一个地块，每一个双行包括500株作物研究可视症状的感染。对果实和根出现腐疫特征性症状的植物进行计数和比例计算。

6.3.2　小麦试验

1. 灌溉和土壤水分监测

将 3 根 PVC 管埋设在深度 50 cm 的土壤内，采用 Micro-Gopher™校准系统测量土壤湿度。在达到田间持水量的土壤水分含量的基础上进行灌溉调控。在灌溉开始的前 3 天时测量土壤水分。

2. 滴头水和空气流量

所有曝气和非曝气处理地块都要进行水-气流量测定。使用一个 0.55 L 采样塑料瓶测量空气流量，将一个塑料瓶装满水，将滴头插进去，滴头处出来的气体会排除一部分水。在一个已知的时间间隔（90 秒）移开滴头，封闭塑料瓶，使用 500 mL 量杯测量瓶内剩余的水。用水的体积来确定空气的体积。用在同一时间内收集的水的体积来测量滴头流量。通过测量不同处理进行比较，确定不同处理下水和气的流量。

3. 土壤氧气监测

使用的传感器型号为 PSt3 型氧敏感光纤维探头及 Fibox-3 微氧仪（PreSens GmbH，德国）。放置在 15 cm 以下测量土壤剖面氧气情况，在小麦播后 59 天进行。

4. 叶片叶绿素

使用柯尼卡美能达有限公司的 SPAD-502 测定两片完全展开的顶部嫩叶叶绿素浓度，每个生长季测定 5 次。

5. 作物生长参数和产量

观察记录植物的高度参数、分蘖数、穗数、穗重、单株叶重、茎重、单株总生物量。第二季小麦还要评估穗粒重和千粒重。第一和第二季播种后 64 天、104 天分别获取中间行 1 m 的小麦收获数据。

6.3.3　棉花试验

1. 土壤水分

土壤水分使用奥赛德（Odyssey）Micro-Gopher系统进行监测，监测深度为10 cm、20 cm、30 cm、40 cm和50 cm，每次灌溉3天前进行测量。根据测得的数据和土壤的田间持水量进行计算灌溉时间。灌溉在早上同时进行。

2. 土壤氧气

根据 Klimant 等(1995)的布置方法,在两个滴头中间 15 cm 深处埋设传感器进行土壤氧气监测,埋设点距滴管带 3 cm。使用的传感器型号为 PSt3 型氧敏感光纤维探头及 Fibox-3 微氧仪(PreSens GmbH,德国)。传感器记录 4 天的数据,即从曝气灌溉前 2 天到曝气灌溉后 2 天。

3. 土壤温度

使用英国产的 TM Model TGU-1500-Gemini Data Loggers 型土壤温度传感器记录土壤温度,传感器埋设深度为 15 cm,记录整个生育期的土壤温度。

4. 土壤呼吸

土壤呼吸使用美国产的 EGM-3 仪器进行测量,主要是监测土壤 CO_2 的释放强度,每两周进行一次测量。

5. 作物生长发育和产量

收获时在每个种植池中间行随机抽取6株棉花,收集它们的叶、茎、根、吐絮铃数以及闭合铃数,将它们在70℃下烘72小时,得到干重。使用土壤取样器收取根系样本。

在每个种植桶中间行中选取12株记录生长和发育参数(株高、节点数量、叶片数量)和生殖参数(开花时间、果实时间、吐絮铃数),每两周记录一次,在最后收获时也进行记录。

6. 水分利用效率

水分利用效率是总产量除以在生长期作物总耗水量。耗水包括两个方面:灌溉和降雨。

6.4　水气耦合灌溉菠萝作物-土壤环境响应

6.4.1　灌溉水量分析

由图6.7可知,2007～2010年的年降水量分别为917 mm、1294 mm、875 mm、1850 mm。2010年为记载的最高降水量年份,超出过去20年来最干旱年份的4倍。根据土壤缺水度来制定灌溉制度。当土壤湿度下降到临界值时开始灌溉。曝气处理和对照处理在整个试验期间灌溉的水量为240.5 mm和252.4 mm(图6.7)。计算表明,灌溉量占总用水量的5%左右,所有灌溉方式都是补充性质的。

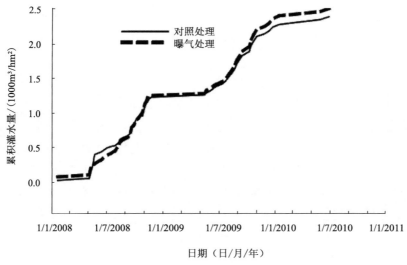

日期（日/月/年）

图 6.7　试验期间灌溉水量

6.4.2　土壤含水量分析

由图 6.8 土壤含水量动态可以看出，灌溉期间，各处理土壤水分含量均保持在 0.4 mm/mm 以内，且始终高于 0.2 mm/mm。在一些情况下，土壤湿度会在更大的深度超过地块的控制能力，特别是在特殊处理的地块。结果表明，无论曝气还是非曝气处理，土壤水分随着深度（0～40 cm）的增加而增加。

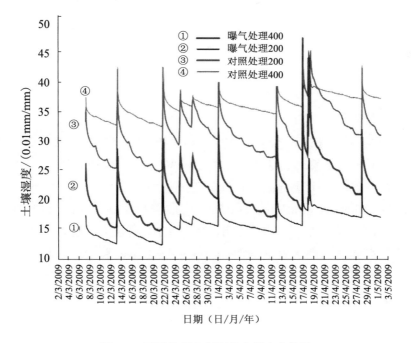

日期（日/月/年）

图 6.8　不同处理和深度的土壤水分状况

曝气处理的土壤水分始终比对照处理的土壤水分低，曝气处理对土壤含水量的影响是明显的，需要对曝气处理增加灌溉水量。这表明通过曝气处理，作物根际耗水较多。

6.4.3　土壤氧气分析

在灌溉期间，与对照处理相比，曝气处理根际土壤氧浓度仍高于周围（图6.9）。灌溉时发现曝气处理和对照处理的最高氧气浓度分别是 10.72 mg/L 和 7.08 mg/L。最低的氧气浓度分别是 5.48 mg/L 和　3.09 mg/L。与对照处理相比曝气处理根区保持较高的氧气浓度，这与 Chen 等（2011）利用棉花和小麦作物在砂姜黑土和富铁土中的实验结果类似。

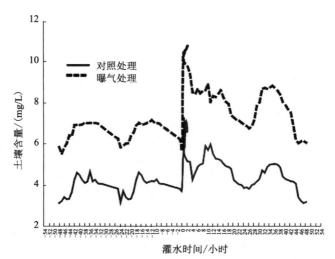

图 6.9　不同处理的土壤氧气状况

6.4.4　土壤物理性质的改变

由图 6.10 可知，曝气处理的土壤密实度均低于对照处理与非灌溉处理，特别是在滴头位置下方的土壤。在地表至土壤剖面30 cm处土壤紧实度呈增加趋势，与曝气处理效果一致。在下层剖面，曝气处理的土壤紧实度始终保持较对照处理和不灌水处理低。Bhattarai和Midmore（2009）对砂姜黑土观察的结果与本研究相反，与对照处理相比，曝气处理湿润锋表现出较大的土壤阻力。这种反应是由曝气灌溉植物快速吸水和蒸腾相关连，因此相比干燥的土壤，湿润地区具有更大的土壤紧实度。该试验中没有观察到这种情况，可能与各处理土壤中土壤的田间持水量有关。

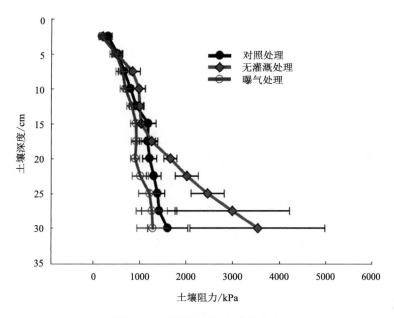

图 6.10　不同处理的土壤密实度

采用容重和充气孔隙度来表征土壤结构性。由表 6.1 中记录可知，土壤孔隙度在曝气处理和对照处理间无显著差异。土壤容重在各处理之间也无显著差异，与曝气处理以及对照处理相比，无灌溉处理植物的根密度明显降低（减少一半）。无灌溉植物表现出根系较浅，更容易用手拉出。它们往往在土壤表面产生不定根，而不是放深根。曝气处理中根系密度较大，这与Schneider等（1992）的研究结果一致，在美国夏威夷州的一个粉质黏土滴灌菠萝试验中，深层根深及根生物量主要集中在滴灌带30~40 cm深度附近。

表 6.1　不同处理的土壤容重和孔隙度

处理	充气孔隙度/(%)		容重 /(g/cm³)	根系密度 /(g/cm³)
	饱和值	田间持水		
对照	2.6	20.7	1.68	6.32
曝气灌溉	2.3	20.6	1.61	7.50
无灌溉	2.0	18.3	1.61	3.56
P 值	0.021	n.s.	n.s.	0.047
LSD	0.537	1.839	0.081	1.811

注：n.s.. 不显著，下同。

6.4.5　土壤呼吸

宿根菠萝生长期，与对照相比，曝气处理土壤呼吸变化不明显，但较无灌溉处理明显增大。土壤呼吸日变化特征显示,白天、夜间的土壤呼吸大于傍晚和早晨(见表6.2)。在菠萝快速生长阶段,即第一季作物收获前,与对照处理[$1.4 g CO_2/(m^2 \cdot h)$]相比,曝气处理的土壤呼吸明显较大[$2.2g CO_2/(m^2 \cdot h)$],在种植394天之后,在灌溉6小时后的增加量达到了64%(Chen et al, 2011)。曝气灌溉根系呼吸的加强作用在之前的研究中已有证实,这与 Bhattarai 等(2006)曝气可以增加灌溉水氧气含量,最终增加根区的氧气量结论一致;曝气促使更强的根系呼吸,因此改善润湿锋短时间缺氧的状况。在作物根区,曝气处理和对照处理后3天土壤呼吸速率没有显著的不同。然而,与不灌溉处理相比这个速率会更大。昼夜情况下土壤呼吸表现出白天和夜间土壤呼吸速率相比清晨和傍晚的要强。

表 6.2 研究时段不同处理的土壤呼吸和土壤温度

处理	土壤呼吸/ [$g CO_2/m^2$]	土壤温度/℃
对照	0.82	26.8
曝气灌溉	0.82	26.5
无灌溉	0.37	27.1
白天 (1300 h)	0.89	29.5
傍晚 (1900 h)	0.51	26.2
夜间 (2300 h)	0.99	26.1
早晨 (500 h)	0.57	25.2
LSD (曝气灌溉)	0.329	0.423
LSD (白天)	0.327	0.420

6.4.6 土壤微生物和疫病情况分析

表6.3中较低的 FDA 值表明,与不灌溉处理和灌溉对照处理相比,曝气灌溉处理土壤微生物量无显著差异。与对照处理(4.9%)相比,曝气处理(3%)浸染比例显著降低,无灌溉处理的比例是最大的(10.5%)。尽管在无灌溉地块水的利用率较低并且土壤表面干燥,这对疫病发展过程不利。当植物结果实的时候,植物顶部的质量易导致作物的根部受到伤害,这可能使植物易于遭受疫霉菌感染,特别是当该地块因降雨而变得湿润。Stirling(2005)的研究表明,在昆士兰州甘蔗秸秆覆盖和少耕处理的富铁土壤上均保持更好的土壤通气状态,相比不覆膜传统耕作处理,种植的菠萝作物的大田的 FDA 处于高水平。

表 6.3 不同处理的土壤微生物和疫病情况

处理	FDA (土壤微生物)/ [$\mu g/(g 干土 \cdot h)$]	疫霉发病率/%
对照	2.2	4.9

续表

处理	FDA (土壤微生物)/ [μg/(g 干土·h)]	疫霉发病率/%
曝气灌溉	2.2	3.0
无灌溉	1.8	10.5
P 值	0.890	<0.001
LSD	1.446	1.379

6.4.7　土壤化学性质分析

由表 6.4 可以看出，对于速效磷，土壤有机碳和速效钾含量，虽然在无灌溉处理中较高，但与曝气处理差异不显著（$P<0.05$）。相比之下，无灌溉处理的土壤 pH 明显低于对照处理和曝气处理，但交换钾含量明显高于对照处理或曝气处理。对土壤中的总氮、电导率和可交换的钙、镁的浓度进行检测，灌溉处理无显著影响。

表 6.4　不同处理的土壤化学性质

处理	有机碳 /%	总氮 /%	速效磷 /(mg / kg)	速效钾 /(mg / kg)	电导率 /(ds/m)	pH /(CaCl$_2$)	交换性钙 /(cmol / kg)	交换性镁 /(cmol / kg)	交换性钾 /(cmol / kg)
对照	0.90	0.06	19.00	61.50	0.04	3.45	0.22	0.06	0.04
曝气灌溉	0.89	0.07	17.50	56.50	0.05	3.50	0.18	0.05	0.05
无灌溉	1.21	0.08	45.00	107.00	0.05	3.30	0.31	0.08	0.12
P 值	0.064	0.140	0.009	0.086	0.572	0.033	0.547	0.485	0.008
LSD($P \leqslant 0.05$)	n.s.	n.s.	12.260	n.s.	n.s.	0.129	n.s.	n.s.	0.031

注：n.s.．不显著，下同。

6.4.8　作物干物质

1. 冠芽生长期干物质分配

采用冠芽生长期菠萝采收时的生物量来评估曝气灌溉的增氧效果。与对照处理相比，曝气处理的作物根、叶、果实以及地上部总生物量干重明显增加。从表 6.5 来看，茎干重受处理的影响小。相同时间内，曝气处理的未成熟果实（以单果重）较对照处理的收获量明显增加。与对照处理相比，曝气处理的果实干重增加 20%，作物干重增加了 24%。

表 6.5　不同处理的冠芽生长期干物质分配

处理	茎/(g/m²)	根/(g/m²)	叶/(g/m²)	地上部干重/(g/m²)	鲜果重/(g/m²)	总质量/(g/m²)	根冠比
对照	585.9	582.3	1760.0	2345.9	833	3178.9	0.248
曝气灌溉	671.8	1056.1	2232.0	2903.8	1002	3905.8	0.363
P 值	0.633	0.004	0.025	0.001	0.016	0.004	0.071
LSD($P \leqslant 0.05$)	n.s.	343.5	5558.1	323.7	124.7	367.5	0.109

2. 蘖芽生长期干物质分配

对于蘖芽生长期来说，干物质在作物生长期进行再分配，此时对气体交换进行测量。与对照组相比，曝气处理的叶干重明显增加，$P \leqslant 0.08$。曝气处理的叶质量为 2289 g/m²，高于对照（17.9%）。蘖芽生长期的结果与冠芽生长期类似，曝气处理叶干重增加 17.9%（表 6.6）。

表 6.6　不同处理的蘖芽生长期干物质分配

处理	茎/(g/m²)	根/(g/m²)	叶/(g/m²)	花冠/(g/m²)	果重/(g/m²)	地上部干重/(g/m²)	总质量/(g/m²)	根冠比
对照	549	528	1942	9.9	85	2587	3115	0.204
曝气灌溉	598	533	2289	14.7	105	3007	3541	0.177
无灌溉	623	409	2136	0	0	2760	3169	0.148
P 值	0.76	0.32	0.08	0.62	0.53	0.20	0.22	0.34
LSD($P \leqslant 0.05$)	n.s.	n.s.	150	n.s.	n.s.	n.s.	n.s.	n.s.

曝气处理的总生物量为 35.4 t/hm²，较对照处理增加了 13.7%。冠芽生长期曝气处理的总生物量增加 22.9%。曝气处理可以使冠芽生长期根系生物量增加，根系生物量比对照处理提高 79%。冠芽生长期中，曝气处理改善了根际氧气供应，对水的有效性和吸收能力有显著的改善，有利于增强根系生长，增强土壤微生物功能。即使地块板结时，曝气处理根系生长依然受益。

6.4.9　作物产量

作物产量收获包括所有的果实，不考虑其大小和可销售性。曝气灌溉处理菠萝果实总产量（包括冠芽生长期和蘖芽生长期，133.7 t/hm²）与对照处理（106.4 t/hm²）相比明显要大，无灌溉处理最低（90.4 t/hm²）。与无灌溉处理相比，曝气处理的总产量增加了 48%，与对照处理相比增加了 26%（表 6.7）。冠芽生长期的收获产量比蘖芽生长期的收获量大。从 3 个处理的平均值来看，蘖芽生长期总收获量只有冠芽生长期的 51%。然而，在蘖芽生长期的产量中，与对照处理和不灌溉处理相比，曝气处理仍然保持了较高的产量。

表 6.7　不同处理的作物产量

处理	收获产量/(t/hm²)			销售产量/(t/hm²)		
	冠芽生长期	根苗	总产	冠芽生长期	根苗	总产
对照	68.20	38.17	106.37	50.92	18.25	69.17
曝气灌溉	79.60	54.11	133.71	53.08	20.18	73.26
无灌溉	71.30	19.07	90.37	49.50	16.42	65.92
P 值	0.005	0.001	0.032	0.295	0.051	0.076
LSD($P \leqslant 0.05$)	6.43	10.76	12.36	n.s.	3.17	7.39

注：n.s.．不显著；收获产量是指在试验地中收获的所有产量；销售产量是指在所有产量中选出的可以投向市场的产量。

果实总销售产量最高的是曝气处理（73.3 t/hm²），其次是对照处理（69.2 t/hm²），最低的是无灌溉处理（65.9 t/hm²）。以销售果实产量而言，曝气处理比不灌溉处理增加 11%，比对照处理增加 6%。冠芽生长期的销售产量所占比例较蘖芽生长期要大。依据 3 个处理平均值，蘖芽生长期总销售产量是冠芽生长期的 36%。由于销售产量只考虑水果>1.5 kg，所以采样地块的产量大大高于销售产量，采样地块的产量还包括那些较小的成熟果实。曝气处理对菠萝产量的改善作用与砂姜黑土曝气灌溉田间试验的数据是一致的。

6.4.10　作物品质

对照处理和不灌溉处理相比，曝气处理平均单个果重有明显增加，特别是冠芽生长期。冠芽生长期中，曝气处理的果实较对照处理和不灌溉处理分别增加了 230 g 和 228 g。在蘖芽生长期中，各种处理对平均果实大小的影响并不显著，而无灌溉处理的平均果实大小与灌溉处理的很接近。由于相比前一年作物水分胁迫减少，更大且更均匀的降雨量分布，对不灌溉处理的蘖芽生长期果实大小和品质产生积极影响。与冠芽生长期对照处理相比，曝气处理的果实大小的其他参数，如水果的高度和宽度也有显著提高。可溶性固形物含量和干物质含量在整个季节各处理保持一致。

在收获的时候，对果实的其他一些品质参数，如果实半透明度，果肉和果皮的颜色、味道和果实的形状也进行了测量。与对照相比，冠芽生长期的曝气处理果实半透明度更低一些，在蘖芽生长期中，曝气处理会显著降低果实透明度。收获时菠萝低透明度被认为是水果质量好的一个指标。在曝气处理下以冠芽生长期果肉颜色排序测定果实品质，曝气处理下果肉的颜色排序得分（3.29）比对照处理之下（2.95）高 12%。

通过测量果肉颜色排序可以得出曝气处理下果实品质更好一些。曝气处理的果肉颜色得分比对照处理高 11.5%。曝气处理下菠萝果实的风味品质也会有所提高。冠芽生长期曝气处理的样品风味质量得分比对照处理高 12%。虽然曝气处理情况下的品质参数对作物果实都是正面的影响，但是除了冠芽生长期果实的风味和蘖芽生长期果实的半透明度外，其他指标的差异性都不具有统计学意义（表 6.8 和表 6.9）。

表 6.8　不同处理的冠芽作物品质

处理	果实质量/ g	果实高度/ cm	果实宽度/ cm	可溶性固形物/ %	果实密度/ (g/cm³)	干物质/ %	半透明度 (1~5)	果实风味 (1~3)	果肉颜色 (1~5)	果皮颜色 (1~5)
对照	832.0	12.71	10.32	16.41	0.89	17.51	1.28	2.45	2.95	2.93
曝气灌溉	1061.8	13.77	10.85	16.55	0.91	17.76	1.10	2.75	3.29	3.07
无灌溉	834.0	14.50	10.63	15.83	0.97	17.57	2.17	2.83	3.67	3.5
P 值	0.045	0.014	0.084	0.719	0.185	0.547	0.11	0.005	0.197	0.564
LSD(P≤0.05)	209.5	0.748	n.s.	n.s.	n.s.	n.s.	n.s.	0.167	n.s.	n.s.

注：n.s. 为不显著；半透明度 1-0%，2-25%，3-50%，4-75%，5-100%；风味，1-没味道，2-有一点味道，3-可口的味道；果肉颜色，1-100%白色，2-25% 黄色，3-50% 黄色，4-75% 黄色，5-100% 黄色；果皮颜色，1 -100% 绿色，2-25% 黄色，3-50%黄色，4-75% 黄色，5-100% 黄色。

表 6.9　不同处理的蘖芽生长期品质

处理	果实质量/ g	果实高度/ cm	果实宽度/ cm	可溶性固形物/ %	果实密度/ (g/cm³)	干物质/ %	半透明度 (1~5)	果实风味 (1~3)	果肉颜色 (1~5)	果皮颜色 (1~5)
对照	793	12.4	10.17	16.46	0.9	16.37	1.3	2.41	2.74	2.76
曝气灌溉	961	14.43	10.62	13.8	0.92	16.61	0.92	2.29	2.74	3.22
无灌溉	988	14.68	10.7	15.9	0.97	16.81	2.4	2.8	3.877	3.6
P 值	0.016	0.007	0.138	0.09	0.003	0.674	0.003	0.117	0.00	0.473
LSD(P≤0.05)	203	1.16	n.s.	n.s.	0.03	n.s.	0.638	n.s.	n.s.	n.s.

注：同上表。

6.4.11　水分利用效率

影响产量总收获量的因素中，水分利用效率包括灌溉水分利用效率和总水分利用效率。与对照处理（44.23 kg/m³）相比，曝气处理（52.98 kg/m³）的灌溉水分利用效率增加了 20%。与无灌溉处理（2.13 kg/m³）和对照处理（2.37 kg/m³）相比，曝气处理（2.97 kg/m³）总的水分利用效率分别增加了 39%和 25%。

对于销售产量构成因素，曝气处理灌溉水分利用效率略有增加。相比不灌溉处理（1.54 kg/m³），曝气处理（1.63 kg/m³）的总水分利用效率增加了 6%。这与 Bhattarai 等（2005）增氧地下滴灌番茄的水分利用效率更大的研究结果是一致的，并且，在曝气灌溉下棉花、蔬菜和大豆的果实生物量水分利用效率和叶片瞬时蒸腾率更大一些（表 6.10）。

表 6.10　不同处理的水分利用效率

处理	收获产量/（kg/m³）		销售产量/（kg/m³）	
	灌溉水利用效率	总水分利用效率	灌溉水利用效率	总水分利用效率
对照	44.23	2.37	28.76	1.54
曝气灌溉	52.98	2.97	29.02	1.63
无灌溉	NA	2.13	NA	1.55
平均数	48.60	2.49	28.89	1.57

6.4.12　小结

由于菠萝试验期间降雨量很充沛，达到了 42 500 m³/hm²，仅仅需要少量的灌溉水进行补充灌溉（对照处理和曝气处理分别需要 2405 m³/hm² 和 2524 m³/hm²），灌溉水量仅占总水量的 5%。然而，在这种情况下采用曝气灌溉对菠萝产量仍有好处。不论是总产量还是可以投向市场的销售产量都有了显著增加，相对于无灌溉处理（65.92 t/hm²）而言，曝气处理（73.26 t/hm²）和对照处理（69.17 t/hm²）的销售产量分别增加了 11% 和 5%，总产量的差距更大。较好的土壤氧气状况、更有效的土壤呼吸和更高的水分利用效率均证实曝气处理的优势。另外，与对照处理和无灌溉处理相对（疫病发生率分别为 11% 和 5%），曝气处理疫病发生率有了显著的降低，仅为 3%。

6.5　水气耦合灌溉小麦作物-土壤环境响应

6.5.1　灌溉和土壤水分分析

与富铁土相比，砂姜黑土任何深度土壤水分含量都保持较高（图 6.11）。砂姜黑土土壤剖面的平均土壤水分含量约为 20% 并低于田间持水量（43%），而在富铁土中的水分含量为 30%，高于其田间持水量（29%）。

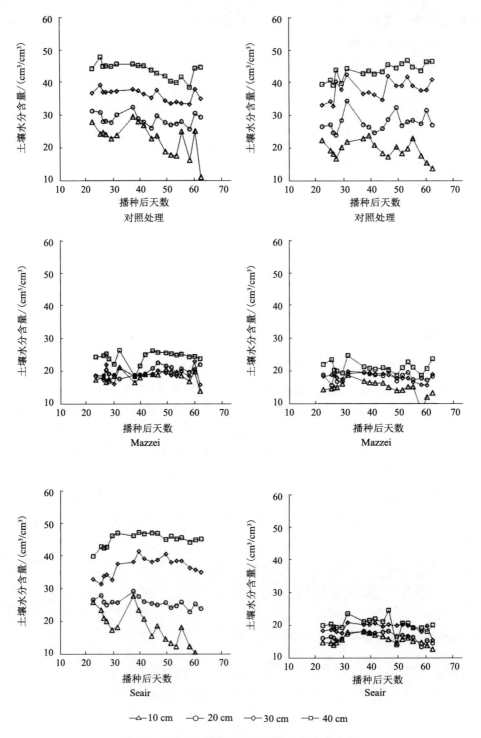

图 6.11　不同处理在不同深度的土壤水分含量

砂姜黑土（左）　富铁土（右）

砂姜黑土水分含量较高，是因为富铁土质地较黏，渗透性较低的缘故。根区土壤含水量过高会限制土壤氧扩散并造成缺氧条件。重黏土土壤水分含量较高会造成根际发生缺氧条件。因此，重黏土土壤含水量较高，在这种土壤中实施曝气灌溉会产生更大的响应。

6.5.2　滴头水和空气流量

试验表明，空气注入对水流量没有显著影响。Mazzei®空气射流器的水流速为 0.62 mL/s，Seair 扩散系统为 0.72 mL/s（图 6.12）。

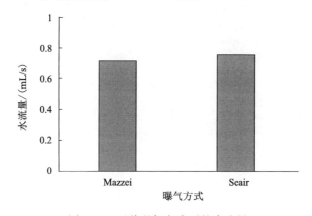

图 6.12　两种曝气方式下的水流量

与 Mazzei®空气射流器相比，Seair 扩散系统可以较显著地提高水中的空气流量（图 6.13）。

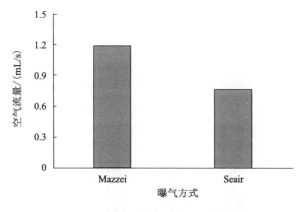

图 6.13　两种曝气方法下的空气流量

Torabi 等（2013）的研究表明，通过 Mazzei®空气射流器系统注入灌溉水中的空气分布不均匀，受到很多因素的影响，如滴头间距、连接器类型、灌溉管道的长度和水压力都会影响空气流量。

6.5.3 土壤氧气分析

在 Seair 扩散系统中，富铁土中曝气处理的土壤氧浓度较对照处理升高 4%（图 6.14）。由于 Fibox-3 微氧仪损坏，砂姜黑土氧浓度没有测定。土壤氧浓度遵循一个昼夜模式，在早上达到高峰（6:00～7:00），并在中午之后（15:00～16:00）下降到一个最低水平后，随着土温下降后再次上升。

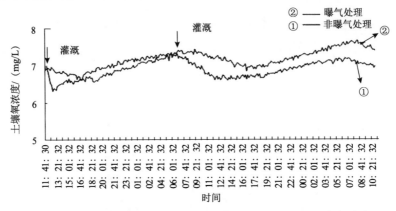

图 6.14　富铁土 Seair 扩散系统曝气处理和非曝气处理土壤氧动态

6.5.4 叶片叶绿素浓度

与第一年土壤类型和所有曝气处理的平均值相比，第二年叶片叶绿素浓度显著提高（高了 11%）。富铁土上的小麦的叶绿素浓度较砂姜黑土上有显著提高（图 6.15），叶绿素浓度平均升高了 7%。曝气处理对叶片叶绿素含量也有显著的影响，与对照处理比，Mazzei®空气射流器提高了 8%，Seair 扩散系统也提高了 6%。然而，这些相互作用并不显著。Mazzei®空气射流器和 Seair 扩散系统叶绿素浓度扩散系统之间差异不显著，虽然这两者的叶绿素浓度都比对照处理的更高一些。

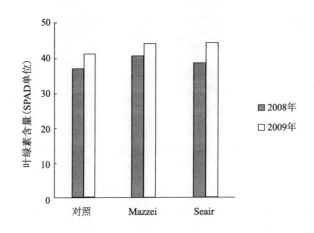

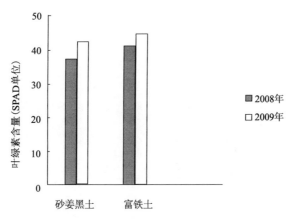

图 6.15　曝气处理（上）和土壤类型（下）各处理小麦叶片叶绿素含量

众所周知，土壤中含有丰富的游离氧化铁，这些铁对于如电子传递，蛋白质和叶绿素的形成以及光合作用等许多生理过程是必需的。因此，在富铁土中的叶绿素含量更高可能是由于在这种土壤中的铁含量较高。曝气处理的叶绿素含量较高在蔬菜、大豆和重黏土棉花、盐碱变性土的研究中也有报道（Bhattarai et al., 2004; Bhattarai and Midmore，2009）。

6.5.5　土壤呼吸

灌溉前后监测的土壤呼吸速率表明，不同土壤类型上曝气灌溉处理后土壤呼吸速率均呈上升趋势；到下次灌水之前，曝气处理对呼吸速率的影响作用减小（图 6.16）。然而，与第二年相比，在第一年的所有处理中，呼吸速率都较高。由 Seair 扩散系统和 Mazzei® 空气射流器处理土壤呼吸分别比第一年的处理增加 21% 和 48%。植物在砂姜黑土显示出的土壤呼吸比在富铁土高。

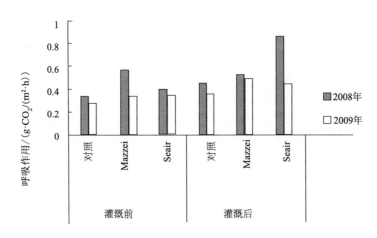

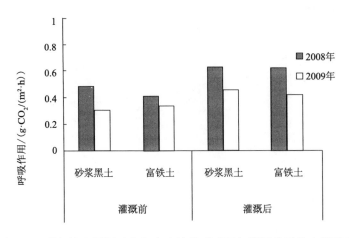

图 6.16　曝气处理灌溉（上）和土壤类型（下）灌溉前后的土壤呼吸

曝气灌溉后测得的土壤呼吸速率表现较明显的效果，而对土壤呼吸速率的影响不显著。所有的处理中砂姜黑土土壤呼吸速率比富铁土的高，第一年的土壤呼吸速率比第二年的高。在第一年较对照处理，Seair 扩散系统曝气方式使土壤呼吸增加 62%，Mazzei®空气射流器曝气方式增加了 23%。然而所有的相互作用并不显著。

土壤呼吸是反映根系生长和微生物活性的良好指标。研究表明，土壤呼吸与根长、根重之间有密切的关系。曝气灌溉条件下棉花和大豆根区土壤呼吸较高，从而有利于根系生长发育和干物质积累。众所周知，灌溉后土壤呼吸速率比灌溉前较高。土壤温度和土壤湿度对土壤呼吸也有影响。两年试验中，砂姜黑土的土壤水分和土壤温度均显著高于富铁土。因此，砂姜黑土土壤呼吸高可能是这些因素导致的。

6.5.6　植物生物量

在这两种土壤类型下的所有处理，2009 年最后收获的穗的干重显著高于 2008 年（图 6.17）。砂姜黑土中植物穗的干重比富铁土上的显然更大一些，平均高出 13.7%。Mazzei®空气射流器曝气处理和 Seair 扩散系统曝气处理下的穗重相比于对照处理分别显著增加了 33.2%和 18.6%。作物的穗在第一年没有谷物，是因为作物收获较早以满足接茬种植的棉花需要的行距。相比第一年，第二年曝气对穗质量的影响更大，因为第二年作物的穗里有谷粒了。曝气处理特别是 Mazzei®空气射流器曝气对穗重的正效应影响更显著，这标志曝气对作物的生殖生长产生有利的影响，这与一些早期研究报道是一致的。

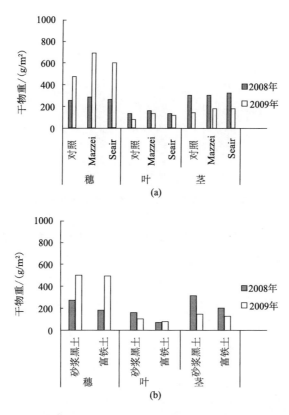

图 6.17　对曝气处理（a）和土壤类型（b）收获时穗干重和茎干重

　　第二年的叶片干重较第一年低得多，虽然两年之间差异不显著。然而，砂姜黑土的叶片干重比富铁土的高 70.9%，第一年这种影响更加明显。相比于对照处理，通过 Mazzei®空气射流器曝气处理和 Seair 扩散系统曝气处理使叶片的质量分别增加了 33.8%和 13%（图 6.17）。因此在土壤类型和两年时间里 Mazzei®空气射流器曝气处理对叶片质量的影响都优于 Seair 扩散系统曝气处理。

　　试验表明，茎的干重在第一年比第二年明显增加了 87%。土壤类型也影响茎的干重，砂姜黑土比富铁土高 38%。然而，曝气处理没有显著效果。Mazzei®空气射流器曝气处理和 Seair 扩散系统曝气处理使茎的干重分别比对照处理增加 9%和 10.7%（图 6.17）。

　　第二年的干物质量为 888.5 g，第一年的为 734.5g，第二年较第一年地上部干物质量明显增大（高 21%），这是因为第二年可以生长更长的时间。曝气处理对干物质量无显著影响，虽然 Mazzei®空气射流器曝气处理和 Seair 分别比对照处理增加了 21% 和 14%（图 6.18）。然而，年度和曝气之间的相互作用是明显的，在不同的年份不同曝气的反应表明了在 2008 年 Seair 扩散系统曝气处理下地上生物量增加了，在 2009 年 Mazzei®空气射流器曝气处理下地上生物量增加了。

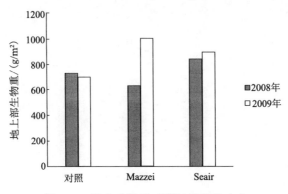

图 6.18　地上生物量对曝气处理的响应

第二年地上部干物质量比第一年高，尽管第一年有很多的叶和茎，可能是由于第二年所有的处理（穗和穗重）生殖生长更好。曝气对生物量和产量产生有益效果是公认的。例如，地面生长的蔬菜、大豆和棉花均能从曝气中受益。

为了满足棉花种植的行距要求，第一年没有收获籽棉而在成熟前收获了。谷物产量仅在第二年呈现出来（图 6.19）。

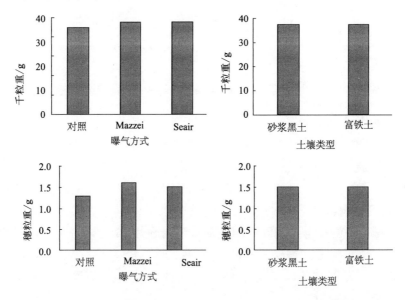

图 6.19　不同曝气处理和土壤类型中千粒重和穗粒重

6.5.7　小结

曝气灌溉处理显著增加了小麦叶片和穗生物量。同样，对于第二季小麦，通过曝气处理籽粒质量显著增加。在曝气处理下这些对作物生物产量的影响导致作物水分利用效率增加。曝气灌溉提高作物产量和水分利用效率，使其成为一个可行有效的灌溉选择，在干旱地区对澳大利亚主要灌溉作物小麦与棉花进行轮作。

曝气灌溉对小麦产量的增强作用可能是由于生理参数如叶绿素含量的显著增加，特别是在砂姜黑土，光合作用、蒸腾速率和气孔导度都有了显著的提高。

6.6　水气耦合灌溉棉花作物-土壤环境响应

6.6.1　土壤水分分析

砂姜黑土所有深度处理的土壤水分均高于富铁土，前者几乎是后者的两倍，且随着深度的增加而更加显著。而曝气处理对土壤水分的影响并不显著。土壤类型和曝气处理的相互作用对土壤水分几乎没有影响，如图 6.20 至图 6.23 所示。

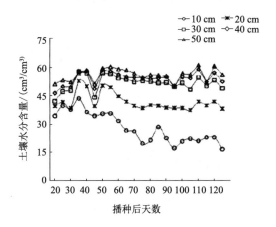

图 6.20　曝气处理砂姜黑土水分情况

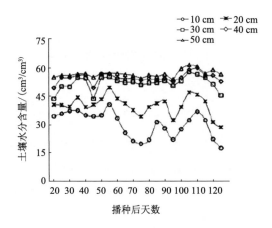

图 6.21　对照处理砂姜黑土水分情况

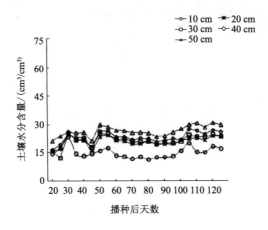

图 6.22　曝气处理富铁土水分情况

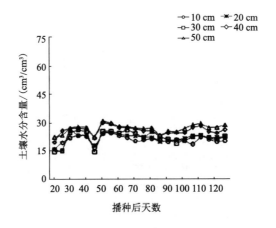

图 6.23　对照处理富铁土水分情况

由于富铁土的渗透性要好于砂姜黑土，前者土壤剖面的水分要高于后者。而在灌溉时，由于砂姜黑土的低渗透性，它可以保留更多的水分。这就有可能导致作物根区的缺氧情况，有可能影响作物的生长发育。

6.6.2　土壤氧气分析

图 6.24 和图 6.25 为不同处理的土壤氧气状况。从图中可以看出，砂姜黑土曝气处理的土壤氧气状况为 4.70~5.44 mg/L，而对照处理的为 4.30~5.40 mg/L。与此相似，富铁土曝气处理的土壤氧气状况为 4.82~5.74 mg/L，而对照处理的为 4.45~5.42 mg/L。富铁土的氧气状况要高于砂姜黑土。

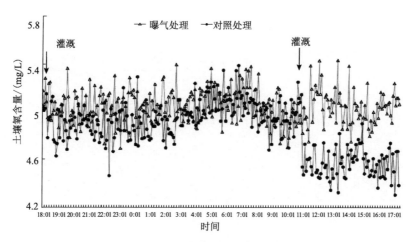

图 6.24　砂姜黑土氧气状况

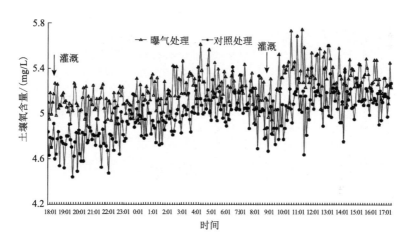

图 6.25　富铁土氧气状况

在更深的地方（>30 cm），砂姜黑土的土壤水分高于富铁土。更高的土壤水分含量很可能就是导致了较低氧气含量的主要原因。

6.6.3　土壤温度分析

图 6.26 和图 6.27 即为各个处理一天 24 小时的土壤温度变化情况，测量深度为 15 cm。从整体趋势上来说，砂姜黑土的土壤温度高于富铁土。同样的，曝气处理土壤温度也高于对照处理。

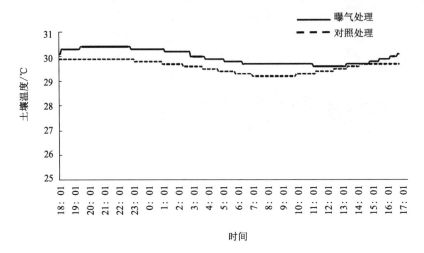

图 6.26 砂姜黑土温度状况

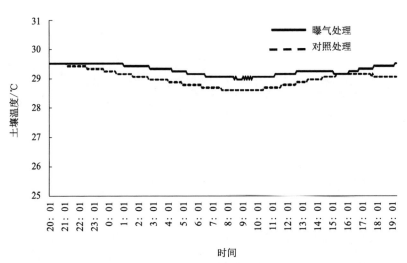

图 6.27 富铁土温度状况

由于砂姜黑土（黑土）颜色较深，吸收光能，所以土温较高；相反地，颜色较浅的富铁土（红土）温度较低。

6.6.4 土壤呼吸分析

在不同的种植季，土壤呼吸情况有着很大的区别，2007～2008 年这一生长季中土壤呼吸明显增强。表 6.11 为两个种植季的棉花根际土壤呼吸情况。在第一个季度里，不论土壤类型和曝气与否，10 cm 滴头埋深处理的土壤呼吸要强于其他处理。但是，第二个季度情况发生了变化，砂姜黑土 30 cm 滴头埋深处理的土壤呼吸要强于 10 cm 滴头埋深处理的。而富铁土曝气处理的 10 cm 滴头埋深土壤呼吸要大于 30 cm 滴头埋深处理的。

表 6.11　两个种植季不同处理棉花根际土壤呼吸状况　　　[单位：$gCO_2/(m^2 \cdot h)$]

| 滴头埋深 | 2007～2008 年 | | | | 2008～2009 年 | | | |
| | 曝气灌溉 | | 对照 | | 曝气灌溉 | | 对照 | |
	富铁土	砂姜黑土	富铁土	砂姜黑土	富铁土	砂姜黑土	富铁土	砂姜黑土
10 cm	473	699	420	458	566	206	417.5	246
30 cm	410	562.7	419.7	425	430.8	426	437.8	425.3

在两季种植中，不论是何种土壤类型，曝气处理的影响都是在 10 cm 处更显著。Bhattarai 等（2004）的研究表明，曝气处理可以增强作物根区的土壤呼吸，他们认为通气可以增强作物的根系生长发育。

6.6.5　棉花生长参数分析

由表 6.12 可以看出，2007～2008 年这一季的棉花株高明显要高于 2008～2009 年的生长季。这与何种处理关系不大，播种时间较晚以及较高的降雨量导致了这一差异。

表 6.12　两个种植季不同处理株高状况　　　（单位：cm）

| 滴头埋深 | 2007～2008 年 | | | | 2008～2009 年 | | | |
| | 曝气灌溉 | | 对照 | | 曝气灌溉 | | 对照 | |
	富铁土	砂姜黑土	富铁土	砂姜黑土	富铁土	砂姜黑土	富铁土	砂姜黑土
10 cm	126.8	118.3	125	124.3	93.8	92.4	88.8	83.0
30 cm	112.1	113.9	98.5	123.9	89.3	82.1	89.5	86.2

吐絮铃数受不同处理的影响较大（表 6.13）。第二季吐絮铃数的均值要显著大于第一季。

表 6.13　两个种植季不同处理吐絮铃数状况

| 滴头埋深 | 2007～2008 年 | | | | 2008～2009 年 | | | |
| | 曝气灌溉 | | 对照 | | 曝气灌溉 | | 对照 | |
	富铁土	砂姜黑土	富铁土	砂姜黑土	富铁土	砂姜黑土	富铁土	砂姜黑土
10 cm	11.5	16.5	7.83	19.16	15.8	17.0	11.4	15.4
30 cm	7.72	14.83	5.39	19.77	11.53	17.47	12.93	13.93

6.6.6 棉花生物量分析

叶片干重受土壤类型和滴头埋深的影响较大，受其他因素的影响较小。不论何种处理，曝气均可以提高棉花的叶片干重，如表 6.14 所示。

表 6.14　两个种植季不同处理叶片干重状况　　　　　　　　（单位：g/株）

滴头埋深	2007～2008 年				2008～2009 年			
	曝气灌溉		对照		曝气灌溉		对照	
	富铁土	砂姜黑土	富铁土	砂姜黑土	富铁土	砂姜黑土	富铁土	砂姜黑土
10cm	13	17	6.9	24.3	17.7	28	16.6	16.5
30cm	13.9	34.8	9.2	36.8	14.3	26.5	14	24.5

茎干重受土壤类型和滴头埋深的影响也较大。在富铁土中，10 cm 滴头埋深处理的棉花茎干重要大于 30 cm 滴头埋深。而砂姜黑土却正好相反，30 cm 滴头埋深带来了更大的茎干重。而不论是何种处理，曝气均可以提高棉花的茎干重，如表 6.15 所示。

表 6.15　两个种植季不同处理茎干重状况　　　　　　　　（单位：g/株）

滴头埋深	2007～2008 年				2008～2009 年			
	曝气灌溉		对照		曝气灌溉		对照	
	富铁土	砂姜黑土	富铁土	砂姜黑土	富铁土	砂姜黑土	富铁土	砂姜黑土
10 cm	45	34.4	28.2	31.2	40.6	59.3	36.4	39.4
30 cm	38.6	56.1	21.3	67.7	34.7	46.5	33.9	43.6

棉铃干重受土壤类型和滴头埋深的影响较大。在富铁土中，10 cm 滴头埋深处理的棉铃干重要大于 30 cm 滴头埋深。而砂姜黑土却正好相反，30 cm 滴头埋深带来了更大的棉铃干重。不论是何种处理，曝气均可以提高棉花的茎干重，如表 6.16 所示。

表 6.16　两个种植季不同处理棉铃干重状况　　　　　　　　（单位：g/株）

滴头埋深	2007～2008 年				2008～2009 年			
	曝气灌溉		对照		曝气灌溉		对照	
	富铁土	砂姜黑土	富铁土	砂姜黑土	富铁土	砂姜黑土	富铁土	砂姜黑土
10 cm	82.4	92.7	52.2	130.1	73.5	99.8	59.6	71.7
30 cm	68.6	113	45.8	147.7	54.9	92.6	66.5	77.7

两个种植季度的根干重并没有区别（表 6.17）。而在单一季度内，根干重受土壤类型和滴头埋深的影响较大。在富铁土中，10 cm 滴头埋深处理的根干重要大于 30 cm 滴头埋深处理的。而砂姜黑土却正好相反，30 cm 滴头埋深处理有较大的根干重。

表 6.17　两个种植季不同处理根干重状况　　　　　　（单位：g/株）

滴头埋深	2007~2008 年				2008~2009 年			
	曝气灌溉		对照		曝气灌溉		对照	
	富铁土	砂姜黑土	富铁土	砂姜黑土	富铁土	砂姜黑土	富铁土	砂姜黑土
10 cm	140.4	144.1	87.3	155.6	149	207	131.5	139.6
30 cm	121	203.9	76.3	252.2	117	182.2	126.3	159.6

富铁土曝气处理 2007~2008 年种植季的平均产量为 2.45 t/hm²，而 2008~2009 年的为 3.22 t/hm²；砂姜黑土曝气处理 2007~2008 年种植季的平均产量为 3.58 t/hm²，而 2008~2009 年种植季为 5.01 t/hm²。综合分析，砂姜黑土曝气处理中，30 cm 滴头埋深产量较高。而富铁土的情况相对复杂，两个种植季度的产量相差较大，这与降雨情况有关。而在第一年内，30 cm 滴头埋深产量要大于 10 cm，而第二年对照处理没有异常，而曝气处理 10 cm 滴头埋深产量却高于 30 cm。曝气处理对作物干物质积累的强化效果已经在其他作物试验（Bhattarai et al.，2004，2006）中证实了，这与表 6.18 结论一致。土壤呼吸改善是因为浅滴头埋深（10 cm）改善了根区的通气状况。曝气灌溉改善了根系功能，导致了农产品果实和产量的提高（Bhattarai et al.，2004，2005）。

表 6.18　两个种植季不同处理产量状况　　　　　　（单位：t/hm²）

滴头埋深	处理	富铁土		砂姜黑土	
		第一年	第二年	第一年	第二年
10 cm	对照	2.17	2.94	4.50	3.97
	曝气处理	2.60	3.29	3.50	5.24
30 cm	对照	1.62	3.71	4.75	3.74
	曝气处理	2.29	3.15	3.65	4.78

6.6.7　水分利用效率分析

曝气处理平均灌溉水量为 5217 m³/hm²（10 cm 滴头埋深）和 5855 m³/hm²（30 cm 滴头埋深）；对照处理为 7546.5 m³/hm²（10 cm 滴头埋深）和 6197.0 m³/hm²（30 cm 滴头埋深）。第二季的水分利用效率要高于第一季（0.39 vs 0.23）。而其他因素对水分利用效率影响不大（表 6.19）。

表 6.19　两个种植季不同处理总水分利用效率状况　　　　（单位：kg/m³）

滴头埋深	2007～2008 年				2008～2009 年			
	曝气灌溉		对照		曝气灌溉		对照	
	富铁土	砂姜黑土	富铁土	砂姜黑土	富铁土	砂姜黑土	富铁土	砂姜黑土
10 cm	0.215	0.179	0.317	0.247	0.409	0.529	0.24	0.383
30 cm	0.202	0.24	0.233	0.246	0.317	0.513	0.342	0.412

从灌溉水利用效率来说，富铁土的曝气处理 10 cm 滴头埋深的灌溉水利用效率要大于 30 cm 滴头埋深的。相对的，砂姜黑土的灌溉水利用效率则是 30 cm 滴头埋深的更高。第一季的水分利用效率要高于第二季(0.54 vs. 0.64)。而其他因素对灌溉水分利用效率影响不大(表 6.20)。

表 6.20　两个种植季不同处理灌溉水利用效率状况　　　　（单位：kg/m³）

滴头埋深	2007～2008 年				2008～2009 年			
	曝气灌溉		对照		曝气灌溉		对照	
	富铁土	砂姜黑土	富铁土	砂姜黑土	富铁土	砂姜黑土	富铁土	砂姜黑土
10 cm	0.558	0.518	0.465	0.665	0.767	0.854	0.347	0.6
30 cm	0.491	0.546	0.351	0.72	0.51	0.862	0.524	0.704

以往的试验显示，曝气处理的水分利用效率要高于对照处理，但本试验并没有显示。另外，2007～2008 年及 2008～2009 年这两季的年降雨量分别达到了 1087.2 mm 和 583.8 mm。第一年的温度较低，湿度较大，这可能导致了营养阶段的延长和成熟期的滞后。像棉花这种比较娇贵的作物在这种情况下就会有较低产出的情况出现。第二年的情况就要远远好于第一年。

6.6.8　小结

曝气处理对棉花产量和水分利用效率的提升作用在两种土壤上都表现明显。不同的滴头埋深和土壤类型下曝气处理均有良好的效果。曝气处理对作物的生长发育有着积极的影响，对于解决地下滴灌造成的作物根区临时缺氧状况有着良好的效果，值得进行深入的研究。

曝气灌溉处理通过提高作物根区的氧气含量，提高作物产量和水分利用效率。富铁土滴头埋深 10 cm 对棉花种植有着更积极的效果，而砂姜黑土并不是这样。砂姜黑土有开裂特性, 在干燥情况下会开裂。这种情况可能是在砂姜黑土中 10 cm 滴头埋深曝气效果不好的原因之一。30 cm 滴头埋深对于桶栽植物的种植可能太深了, 并不适合, 滴头埋深在 20 cm 左右较为适合。

第7章 结论与展望

7.1 结　　论

本研究基于一种水气耦合高效灌溉系统，通过土壤导气率的系统研究，明确土壤通气性的影响因素，提出通气性改善效应的土壤通气性指标——土壤导气率；通过滴管带道水气两相流的传输特性，明确适宜掺气比率的灌溉技术参数；通过不同土壤类型的桶栽及小区作物试验，研究不同作物对曝气灌溉的响应；通过农场及桶栽试验，研究曝气灌溉对作物土壤环境产生的影响，该研究为土壤通气性的高效调控提供技术手段和理论指导。

7.1.1　土壤导气率研究结论

土壤导气率试验对不同导气率测量方法进行对比研究；进行一维稳态和瞬态的导气率测量试验；对影响土壤导气率特性的相关因素进行试验研究，验证棕壤土土壤导气率与导水率的关系；对三维瞬态导气率测定模型精度进行验证，获取三维稳态导气率相关试验数据，相关结论如下：

（1）土壤导气率总体上表现为随土壤含水率增加而显著的减小，这是因为土壤孔隙几乎被空气和水分完全占据，土壤水分的增加必然导致土壤中空气含量的减少，进而影响到土壤的通气情况。

（2）形状系数 G 是三维稳态土壤导气率测定模型中的重要参数，本书对 Grover（1955）、Boedicker（1972）、Liang 等（1995）及 Jalbert 和 Dane（2003）4 种形状系数 G 比较分析，得出 Boedicker 推导出的形状系数 G 更适于试验点土样的稳态法土壤导气率测定。

（3）瞬态土壤导气率测定模型是测定被测样品密封段压力动态变化，再根据相关模型计算得出样品导气率。该方法重点是记录并分析样品密封段压力随时间变化的变化关系，即斜率 s 的测定，试验结果表明在瞬态一维边界条件下，以及瞬态三维边界条件下，$\ln[c\dfrac{p(t)-P_{atm}}{p(t)+P_{atm}}]$ 与时间 t 之间均存在显著的线性关系，即参数 s 存在。本书在瞬态导气率测定模型基础上对参数 s 计算过程进行了简化，室内对 40 组土样导气率测量结果表明：简化解 s_0 即 $\ln p(t)$ 与时间 t 之间存在仍然存在显著的线性关系。

（4）本书在瞬态导气率测定模型基础上对参数 s 计算过程进行了简化，并用稳态法对简化后的模型进行验证。室内对 40 组土样导气率测量结果表明：简化解 s_0 计算的瞬态模型结果与稳态模型测定结果之间具有极显著相关性，相关系数为 0.93；以原模型参数 s 为标准，简化解 s_0 与参数 s 相对误差变化幅度小于 0.5%，两者数值接近。

（5）在基于瞬态三维边界条件下土样密封端压力对数值随时间变化的线性变化关系存在基础上，分析其与导气率之间的定量关系，并采用稳态法验证计算结果精确性。试验结果表明：瞬态三维边界条件下土样密封端压力对数值随时间的线性变化关系存在，且其与导气率测量结果之间具有极显著相关性，相关系数为 0.93；对于苹果园土样导气率，定量关系式与稳态法两者计算数值之间整体相对误差小，70%以上相对误差变化幅度小于 25%，说明所建立的经验公式具有一定的代表性。

（6）根据长度等效原理，定义了三维边界条件下难以直接测定的土柱外气体运动范围，从而建立了适用于三维边界条件下土壤导气率瞬态测定模型，并利用三维稳态导气率测定模型对其测定结果进行验证。

（7）灌后土壤水分再分布过程中，土壤导气率呈缓慢增长趋势；通气作用与水分再分布过程都能提高湿润体土壤的导气率，但通气作用提高湿润体土壤导气率的及时性明显优于水分再分布过程；灌后人工通气可迅速提高地下滴灌湿润体土壤导气率。在降雨或灌溉后，植物的根系常处于低氧环境中。因此，不同土壤的地区应因地制宜，采取合理的灌水和通气条件，以改善土壤导气率，达到节水、增产、高效的目的。

7.1.2　水气传输特性研究结论

通过管道水气传输试验研究循环曝气条件下不同工作压力和表面活性剂（十二烷基硫酸钠）浓度对掺气比例、水-气传输均匀性以及氧传质系数的影响，同时验证了滴灌条件下掺气比例理论计算方法的可行性。结果表明：无表面活性剂添加条件下，循环曝气水中的掺气比例随工作压力的增大而增大；表面活性剂添加且工作压力相同时，随着表面活性剂浓度的增加，掺气比例逐渐升高，表面活性剂浓度一定而工作压力发生变化时，掺气比例随工作压力的增加呈下降趋势；滴灌带的出水均匀度并不受曝气与非曝气的影响，均保持在 95%以上；相对于出水均匀性而言，出气均匀性有一定幅度的下降，但仍维持在 70%以上；氧传质系数方面，在不添加表面活性剂时，氧传质系数随着工作压力的增大呈下降趋势；达到无表面活性剂添加处理相同曝气效果时，添加表面活性剂处理的曝气时间分别缩短了 45.95%、68.29%和 67.35%。综合考虑各种情况，并结合曝气灌溉出流速率，运行成本以及掺气比例等因素，0.1 MPa 和 5 mg/L 表面活性剂为适宜的推荐组合。研究成果可为曝气灌溉系统的优化提供理论依据，对提高地下滴灌系统水分利用效率、降低地下滴灌对环境的不利影响具有重要意义。

7.1.3 作物响应试验研究结论

生物响应试验部分通过对砂质土壤下循环曝气辣椒对不同滴灌带埋深和工作压力的响应、不同土壤下循环曝气桶栽辣椒和冬小麦的响应以及黄黏土下温室番茄产量和品质的响应研究，为循环曝气地下滴灌在农业生产中的实践提供了理论依据和技术支持。

温室辣椒试验通过设置不同的曝气工作压力和滴灌带埋深，研究砂质土壤下循环曝气地下滴灌对温室辣椒的影响，以此来得到较为适宜的工作压力和滴灌带埋深。主要结论如下：

（1）在工作压力不变的情况下，随着滴灌带埋深的增加，温室辣椒的叶片面积指数、单株产量及根冠比均呈现出先升高后降低的趋势，10 cm 滴灌带埋深对辣椒叶片生长有显著的促进作用。在滴灌带埋深相同的情况下，0.1 MPa 工作压力对温室辣椒的生长较为有益。

（2）地下滴灌可以提高辣椒单株产量，且 10 cm 滴灌带埋深对辣椒单株鲜果重的影响最大；而循环曝气对产量的改善却不明显。这可能是由于砂壤土容重大，土壤孔隙度大，植株在砂质土壤中生长发育，根系并不缺少空气，因此在砂壤土进行循环曝气灌溉没有达到理想的效果。总体而言，10 cm 滴灌带埋深及 0.1 MPa 工作压力较为适合循环曝气地下滴灌温室辣椒的生长。

（3）土壤类型相同时，不同掺气量对温室辣椒生物量及产量的影响具有明显差异。曝气灌溉可以明显改善砂黏壤土和黏壤土的土壤环境，从而使作物的生物量及产量也得到提高。相同掺气量时，不同土壤类型的辣椒生物量及产量均呈现显著差异。在不掺气条件下的结果不同，土壤疏松、透气性大的土壤，辣椒生长发育较好，曝气灌溉效果不明显。

温室桶栽辣椒试验对曝气灌溉条件下不同土壤辣椒生物量和产量的响应进行了研究，主要结论如下：

（1）相同土壤类型，不同掺气量对温室辣椒生物量及产量的影响具有明显差异。其中，$NG_1>NG_2>NG_0$，$SG_1>SG_2>SG_0$；$FG_0>FG_1>FG_2$。曝气灌溉可以明显改善砂黏壤土和黏壤土的土壤环境，从而使作物的生物量及产量也得到提高。

（2）相同掺气量时，不同土壤类型的辣椒生物量及产量均呈现显著差异。在 0.1 MPa 掺气量条件下，辣椒生物量及产量呈现 $NG_1>FG_1>SG_1$ 的趋势，在 0.2 MPa 掺气量条件下，辣椒生物量及产量也都呈现 $NG_2>FG_2>SG_2$ 的趋势。但是在不掺气条件下的结果不同，辣椒生物量及产量均呈现 $SG_0>FG_0>NG_0$ 的趋势，表明土壤疏松、透气性大的土壤，作物生长发育较好，曝气灌溉效果不明显。

桶栽冬小麦试验对不同土壤条件下曝气灌溉对冬小麦耗水量、土壤含水量、株高、气孔导度、产量和品质等方面的影响做了初步的研究。结果表明，相对于常规滴灌，曝气灌溉有益于改善小麦根系土壤呼吸，进而提高作物的整体耗水量，增快作物的生长。

（1）洛阳土壤、南阳土壤和商丘土壤曝气组与参照组日耗水量大体趋势相同，郑州土壤的曝气组日耗水量在第 13 天前和参照组没有显著差异，而后曝气组日耗水量大于参照组。总体耗水量曝气组总是大于参照组。

（2）曝气处理并不会增加小麦的最大株高，但是会加快小麦的生长速度。

（3）郑州土壤和商丘土壤曝气组气孔阻力要小于参照组；洛阳土壤和南阳土壤曝气组和参照组之间则没有显著差异。

（4）在产量方面，南阳土壤、商丘土壤和郑州土壤曝气组和参照组的产量差异不明显，而洛阳土壤曝气组产量要比参照组产量大 12.58%；在品质方面，南阳土壤、商丘土壤和郑州土壤曝气组和参照组的千粒重差异不明显，而洛阳土壤的曝气组千粒重比参照组大 12.23%。

综合考虑各项指标，洛阳红黏土在循环曝气地下滴灌条件下冬小麦有显著的增产效果，且对作物品质存在一定的改善作用，相对南阳土壤、商丘土壤和郑州土壤更适合曝气灌溉下冬小麦的生长。

温室小区番茄试验表明，在以黄黏土为供试土壤时，曝气灌溉可以改善根系环境，促进番茄生长，提高番茄产量和果实品质，对根系生长也有有利的影响。

（1）曝气灌溉使番茄植株呼吸活动增强，曝气处理的气孔导度增大 30.51%。

（2）循环曝气地下滴灌有较明显的增产效果，较对照处理，曝气处理总产量增加 17.35%，并且前五次采收累积产量增大了 29.15%，对番茄进行曝气处理促使番茄早熟。

（3）循环曝气地下滴灌可以改善作物品质，与对照处理相比，曝气处理的 VC 含量、可溶性固形物和糖酸比分别提高了 13.29%、8.65% 和 21.99%，而总酸含量和硬度降低了 16.39% 和 11.07%，曝气灌溉可以提高番茄的营养价值，改善番茄的品质和风味。

（4）曝气处理可以使番茄活力增强，根系生长增强，曝气处理根冠比较对照处理增大了 25.81%；根长增大了 16.75%。

7.1.4　作物-土壤环境响应研究结论

（1）农场菠萝试验：不论是总产量还是可以投向市场的销售产量都有显著提高，相对于无灌溉处理（65.9 t/hm²）来说，曝气处理（73.26 t/hm²）和对照处理（69.2 t/hm²）的市场产量分别增加了 11% 和 5%，总产量的差距甚至更大。更好的土壤氧气状况、更有效的土壤呼吸和更高的水分利用效率也说明了曝气处理的优异性。另外，相对于对照处理和不灌溉处理 11% 和 5% 的疫病发生率，曝气处理有了显著的降低，仅为 3%。

（2）池栽小麦试验：曝气显著增加叶片和穗生物量。曝气处理籽粒重量显著增加。曝气处理提高了作物水分利用效率，提高产量和水分利用效率。曝气灌溉对小麦产量的作用可能是由于生理参数如叶绿素含量显著增加，特别是在砂姜黑土的光合作用、蒸腾速率和气孔导度增强。

（3）池栽棉花试验：曝气处理显著提高了棉花产量和水分利用效率，在两种不同的滴头埋深和土壤类型上均有良好的效果。曝气处理增加作物根区的氧气含量，促进了作物生长发育，提高了作物产量和水分利用效率。富铁土滴头埋深 10 cm 对棉花种植有着良好的效果，但是砂姜黑土中 10 cm 滴头埋深曝气效果不好。30 cm 滴头埋深对于桶栽植物的种植有些太深，并不适合。20 cm 滴头埋深是适宜的埋设条件。

7.2　展　　望

（1）国内外研究表明，曝气灌溉改善了土壤通气性，同时又具备地下滴灌所固有的所有优势，能够提高作物产量和水分利用效率。但是，受文丘里注射器结构与特性的限制，其空气掺入比例较小（约 12%），溶解氧浓度低，特别是水中的大气泡制约了水气的长距离输送，不利于农业均匀生产。微纳米气泡水技术是一项最新被引入中国、世界领先的农业技术，实现了灌溉水氧气的超饱和（高达 47 mg/L 以上），为增氧灌溉水气均匀传输提供了新的机遇。对微纳米气泡水在灌溉系统中的水力传输特性和在滴管带道中的传输均匀性进行研究，是今后研究的重要方向。

（2）作为一种全新的灌溉理念和技术，曝气灌溉系统输水管道内时间和空间上存在着随机可变的相界面，致使其具有比普通地下滴灌复杂得多的流动特性，而有关曝气灌溉系统的水力特性、水气在毛管中的传输过程和浓度分布情况等基础科学问题需要深入研究。

（3）增氧灌溉浸润土壤过程是一种典型的水气二相流问题，其入渗机制不同于传统地下滴灌，该方式下水气运移特征和分布规律亦有别于传统地下滴灌。因此，对增氧灌溉土壤湿润体内水气浓度分布与运移规律的掌握有助于进一步提高水气利用效率，充分发挥增氧灌溉的效益。

（4）ODR 方法利用铂电极来模拟根系，原位测量通过土壤液相的氧扩散供应速率，代表了土壤对根系的供氧能力，与植物的反应直接相关，因此 ODR 是表征土壤通气性的代表性指标，但需要通过监测手段获得。能否通过对土壤氧气扩散模型的研究，测算变化水分条件下土壤通气性有关指标（如土壤孔隙度、土壤氧气浓度、土壤气体扩散系数等），根据根系生长对土壤通气性的响应，结合对 ODR 的监测，尝试建立反映作物生长的土壤通气性模拟指标，是值得商榷和探讨的问题。因此，构建直接反映植物生长、水分吸收及养分利用的通气性指标，定量评价增氧灌溉对土壤通气性的改善效果，是关系增氧灌溉技术推广应用的重要问题。

（5）目前，增氧灌溉对作物的影响研究主要停留在曝气灌溉对作物产量和作物生理指标影响层面上，对土壤肥料的分布及土壤养分的利用效率影响方面尚未开展。

不同作物、不同土壤条件下何种溶解氧浓度和掺气比例最适合作物生长也需要进一步研究。

（6）增氧灌溉对根区环境的影响研究主要停留在根系物质量和土壤酶类活性的层面，有关增氧灌溉改善土壤通气性的研究很少涉及。增氧灌溉水气二相流所携带的氧气及微气泡对土壤–根系氧气交换过程的增强是影响土壤通气性改善的关键。增氧灌溉条件下土壤氧气扩散与根系需氧之间的相互作用关系是其增产、增效的基础，如何维持适宜的土壤氧气浓度和良好土壤通气状况是决定增氧灌溉节水高产的关键问题。

主要参考文献

陈红波, 李天来, 孙周平, 等. 2009. 根际通气对日光温室黄瓜栽培基质酶活性和养分含量的影响. 植物营养与肥料学报, (6): 1470-1474

陈新明, Tobrabi M, Midmore D J. 2010. 加氧灌溉对菠萝根区土壤呼吸和生理特性的影响. 排灌机械工程学报, 28(6): 543 -547

陈旭露, 王洪臣, 齐鲁, 等. 2013. 阴离子表面活性剂对微孔曝气氧传质过程影响的研究. 环境科学学报, 33(2): 395-400

刚立, 许唯临, 邓军, 等. 2004. 含气量对液体黏度的影响. 科学技术与工程, 4(5): 394-396

葛彩莲, 蔡焕杰, 王健. 2012. 加氧滴灌对日光温室西红柿生育末期各项生育指标和水分利用率的影响. 干旱地区农业研究, 29(6): 12-17

郭庆, 牛文全, 张振华. 2012. 通气与水分再分布对地下滴灌湿润体导气率的影响. 节水灌溉, 3:1-5,9

甲宗霞, 牛文全, 张璇. 2011. 通气灌溉对番茄产量与品质的影响. 灌溉排水学报, 30(4):13 -17

蒋程瑶, 赵淑梅, 程燕飞, 等. 2013. 微/纳米气泡水中的氧环境对叶菜种子发芽的影响. 北方园艺, 2: 28 -30

雷宏军, 张振华. 2013. 一种基于稳态通气原理的地下滴灌堵塞程度原位定量诊断方法. 中国, 201110230141. 9

雷宏军, 臧明, 张振华, 等. 2014a. 循环曝气压力与活性剂浓度对滴灌带水气传输的影响. 农业工程学报, 30(22): 63-69

雷宏军, 臧明, 张振华, 等. 2014b. 循环曝气地下滴灌对冬小麦生长和耗水特性的影响研究. 中国农学通报, 30(36): 42 -47

雷宏军, 臧明, 张振华, 等. 2015. 循环曝气地下滴灌的温室番茄生长与品质. 排灌机械工程学报, 33(3): 253-259

雷宏军, 张倩, 张振华, 等. 2013. 掺气滴灌对温室辣椒生物量及产量的影响. 华北水利水电学院学报, 34(6): 29-31

雷宏军, 张振华, 刘鑫, 等. 2015. 一种水肥气一体化灌溉控制系统及控制方法. 中国, 201310269807. 0

李陆生, 张振华, 潘英华, 等. 2012a. 两种土壤导气率测算模型的对比分析. 土壤, 44 (3): 498-504

李陆生, 张振华, 潘英华, 等. 2012b. 土壤导气率瞬态模型关键参数 s 简化求解. 土壤, 44 (6): 1048 -1053

李陆生, 张振华, 潘英华, 等. 2012c. 一种田间测算土壤导气率的瞬态模型. 土壤学报, 49(6): 1252 -1256

李陆生, 张振华, 赵丽丽, 等. 2011. 瞬态三维边界条件下土壤导气率经验公式. 鲁东大学学报(自然科学版), 27 (4): 352-356

李天来, 陈红波, 孙周平, 等. 2009. 根际通气对基质气体, 肥力及黄瓜伤流液的影响. 农业工程学报, 11: 301-305

刘常旭, 钟显, 杨旭. 表面活性剂发泡体系的实验室研究. 2007. 精细石油化工进展, (01): 7-10

刘继龙, 张振华, 谢恒星. 2007. 烟台棕壤土饱和导水率的初步研究. 农业工程学报, 23(11): 129-132

刘俊杰, 张天柱, 李兴隆, 等. 2013. 微纳米水对生菜发芽生长及产量的影响. 北方园艺. 18-20

吕梦华, 翟黄胜, 王楠, 等. 2014. 充氧微/纳米气泡水在白萝卜栽培中的应用效果研究. 新疆农业科学, 51(6): 1090-1096

牛文全, 郭超. 2010. 根际土壤通透性对玉米水分和养分吸收的影响. 应用生态学报, 21(11): 2785-2791

邵明安, 王全九, 黄明斌. 2006. 土壤物理学. 北京: 高等教育出版社: 186-199

孙周平, 李天来, 范文丽. 2006. 根际二氧化碳浓度对马铃薯植株生长的影响. 应用生态学报, 16(11): 2097-2101

王德胜, 张振华, 雷宏军, 等. 2015. 河南省代表性土壤导气性能研究. 鲁东大学学报(自然科学版), 31(2): 162-166

王德燕, 童雄, 雨田. 2006. 起泡剂对气泡大小的影响. 国外金属矿选矿, 43(3): 33-36

王卫华, 王全九, 樊军. 2008. 原状土与扰动土导气率、导水率与含水率的关系. 农业工程学报, 24(8): 25-28

王卫华, 王全九, 李淑芹. 2009. 长武地区土壤导气率及其与导水率的关系. 农业工程学报, 25(22): 120-127.

王秀康, 刘祖雄, 杜兵. 2012. 简化计算均匀坡毛管水头损失. 中国农村水利水电, (12): 9-11

徐建新, 张振华, 雷宏军, 等. 2013. 一种三维瞬态土壤导气率测算方法及测试装置, 中国, ZL 201110230159.9

尹晓霞. 2014. 加气灌溉对温室番茄根区土壤环境及产量的影响研究, 硕士学位论文西北农林科技大学

张天举, 仵峰, 邓忠. 2007. 不同坡度下压力对滴灌毛管均匀度的影响试验. 水利水电科技进展, 27(3): 24-26

张文萍, 姚帮松, 肖卫华, 等. 2013. 增氧滴灌对烟草根系发育状况的影响研究. 现代农业科技: 9-11

张西平, 赵胜利, 刘宏权. 2010. 日光温室黄瓜膜下滴灌灌溉制度的试验研究. 灌溉排水学报, 29(1): 53-55

张璇, 牛文全, 甲宗霞. 2011. 根际通气量对盆栽番茄生长、蒸腾量及果实产量的影响. 中国农学通报, 27(28): 286-290

张振华, 杨润亚, 牛文全, 等. 2014. 基于瞬态导气原理的土壤剖面水分测定方法. 中国, 201110453632.X

张志良, 瞿伟菁. 2003. 植物生理学实验指导. 北京: 高等教育出版社, 34-124

张治安, 张美善. 2005. 植物生理学实验指导. 长春: 吉林大学出版社

朱敏, 张振华, 潘英华, 等. 2013. 土壤质地及容重和含水率对其导气率影响的实验研究. 干旱地区农业研究, 31(2): 116-121

Abuarab M, Mostafa E, Ibrahim M. 2013. Effect of air injection under subsurface drip irrigation on yield and water use efficiency of corn in a sandy clay loam soil. Journal of Advanced Research, 4(6): 493-499

Baehr A L, Hult M F. 1991. Evaluation of unsaturated zone air permeability through pneumatic tests. Water Resources Research, 27(10): 2605-2617

Bagatur T. 2014. Evaluation of plant growth with aerated irrigation water using venturi pipe part. Arabian Journal for Science and Engineering, 39(4): 2525-2533

Ball B C, O'Sullivan M F, Hunter R. 1988. Gas diffusion fluid flow and derived pore continuity indices in relation to vehicle traffic and tillage. Journal of Soil Science, 39: 327-339

Bhattarai S P, Midmore D J. 2005. Influence of soil moisture on yield and quality of tomato on a heavy clay soil. Acta Horticulturae, 694: 451-454

Bhattarai S P, Midmore D J. 2009. Oxygation enhances growth, gas exchange and salt tolerance of vegetable soybean and cotton in a saline vertisol. Journal of Integrative Plant Biology, 51(7):675-688.

Bhattarai S P, Balsys R, Wassink D, Midmore D J, Torabi M. 2013. The total air budget in oxygenated water flowing in a drip tape irrigation pipe. International Journal of Multiphase Flow, 52: 121-130

Bhattarai S P, Dhungel J, Midmore D J. 2010. Oxygation improves yield and quality and minimizes internal fruit crack of cucurbits on a heavy clay soil in the semi-arid tropics. Journal of Agricultural Science, 2(3): 17-25

Bhattarai S P, Huber S, Midmore D J. 2004. Aerated subsurface irrigation water gives growth and yield benefits to zucchini, vegetable soybean and cotton in heavy clay soils. Annals of Applied Biology, 144(3): 285-298

Bhattarai S P, Midmore D J, Pendergast L. 2008. Yield, water-use efficiencies and root distribution of soybean, chickpea and pumpkin under different subsurface drip irrigation depths and oxygation treatments in vertisols. Irrigation Science, 26(5): 439-450

Bhattarai S P, Midmore D J, Su N. 2011. Sustainable irrigation to balance supply of soil water, oxygen, nutrients and agro-chemicals in Biodiversity, Biofuels. Agroforestry and Conservation Agriculture, 253-286

Bhattarai S P, Pendergast L, Midmore D J. 2006. Root aeration improves yield and water use efficiency of tomato in heavy clay and saline soils. Scientia Horticulturae, 108(3): 278-288

Bhattarai S P, Su N, Midmore D J. 2005. Oxygation unlocks yield potentials of crops in oxygen-limited soil environments. Advances in Agronomy, 88: 313-377

Boedicker J. 1972. A moving air source probe for measuring air permeability. Ph. D. dissertation, North Carolina State University, Raleigh

Bortolini L. 2005. Injecting air into the soil with buried fertirrigation equipment. Informatore Agrario, 61(19): 33-36

Brzezinska M, Stepniewski W, Stepniewska Z, Przywaral G, Wlodarczyk T. 2001. Effect of oxygen deficiency on soil dehydrogenase activity in a pot experiment with triticale cv. Jago vegetation. International Agrophysics, 15(3): 145-150.

Buckingham E. 1904. Contributions to our knowledge of the aeration of soils. Bulletin 25. USDA Bureau of Soils, Washington, DC.

Chen X M, Dhungel J, Bhattarai S P, Torabi M, Pendergast L, Midmore D J. 2011. Impact of oxygation on soil respiration, yield and water use efficiency of three crop species. Journal of Plant Ecology, 4(4): 236-248

Chief K, Ferre T P A, Hinnell A C. 2008. The effects of anisotropy on in situ air permeability measurements. Vadose Zone Journal, 7: 941-947

Currie J A. 1961. Gaseous diffusion in porous media, Part 3: Wet granular material. Journal of Applied Physics, 12: 275-281

Dhungel J, Bhattarai S P, Midmore D J. 2012. Aerated water irrigation (oxygation) benefits to pineapple yield, water use efficiency and crop health. Advances in Horticultural Science, 26(1):3-16

Ebina K, Shi K, Hirao M, Hashimoto J, Kawato Y, Kaneshiro S. Morimoto T, Koizumi K, Yoshikawa H. 2013. Oxygen and air nanobubble water solution promote the growth of plants, fishes, and mice. Plos One, 8(6):1-6

Gibbs R J, Liu C, Yang M H, Wrigley M P. 2001. Effect of rootzone composition and cultivation/aeration treatment on the physical and root growth performance of golf greens under New Zealand conditions. Intl. Turfgrass Society Research Journal, 9: 506-517

Glinski J, Stepniewski W. 1985. Soil aeration and its role for plants. Boca Ratan, Florida: The Chemical Rubber Company Press

Goorahoo D, Carstensen G, Zoldoske D, Norum E, Mazzei A. 2002. Using air in sub-surface drip irrigation (SDI) to increase yields in bell peppers. International Water and Irrigation, 22(2): 39-42

Grable A R. 1966. Soil aeration and plant growth. Advances in Agronomy, 18: 57-106

Grover B L. 1955. Simplified air permeameters for soil in place. Soil Science Society of America Proceedings, 19(4): 414-418

Heuberger H, Livet J, Schnitzler W. 1999. Effect of soil aeration on nitrogen availability and growth of selected vegetables-preliminary results. International Conference on Environmental Problems Associated with Nitrogen Fertilisation of Field Grown Vegetable Crops 563: 147-154

Hillel D. 1982. Introduction to soil physics. New York: Academic Press

Irmak S , Rathje W. 2014. Plant growth and yield as affected by wet soil conditions due to flooding or over irrigation. Lincoln, Nebraska Publications of University of Nebraska-Lincoln Extension: 1-4

Iversent B V, Moldrup P, Schjønning P, Loll P. 2001a. Air and water permeability in differently textured soils at two measurement scales. Soil Science, 166:643-659

Iversent B V, Schjønning P, Poulsen T G, Moldrup P. 2001b. *In situ*, onsite and laboratory measurements of soil air permeability: Boundary conditions and measurement scale. Soil Science, 166: 97-106

Iversent B V, Moldrup P, Schjønning P, Jacobsen O H. 2003. Field application of a portable air permeameter to characterize spatial variability in air and water permeability. Vadose Zone Journal, 2: 618-626

Jalbert M , Dane J H. 2003. A handheld device for intrusive and nonintrusive field measurements of air permeability. Vadose Zone Journal, 2: 611-617

Jury W A , Horton R. 2004. Soil Physics 6th edition. New York: John Wiley and Sons Press

Kang Y, Nishiyama S, Kawano H. 1995. Finite element analysis of large scale micro-irrigation systems. Proc eading. of the fifth International Micro-irrigation Congress. St Joseph, Mich, USA: ASAE, 84-90

Khan H. 2001. Effect of simulated aeration, leaching and ground water on selected chemical characteristics of pyritic marine sediments. Journal of the Indian Society of Soil Science, 49(2): 354-357

Kirkham D. 1946. Field method for determination of air permeability of soil in its undisturbed state. Soil Science Society of American Proceedings, 11:93-99

Klimant I, Meyer V, Kühl M. 1995. Fiber-optic oxygen microsensors, a new tool in aquatic biology. Limnology and Oceanography, 40(6): 1159-1165

Lemon E ,Wiegand C. 1962. Soil aeration and plant root relations II. Root respiration. Agronomy Journal, 54(2):171-175

Li H L, Jiao J J, Luk M. 2004. A falling-pressure method for measuring air permeability of asphalt in laboratory. Journal of Hydrology: 69-77

Liang P, Bowers Jr C G, Bowen H D. 1995. Finite element model to determine the shape factor for soil air permeability measurements. Transactions of the ASAE, 38: 997-1003

Liu C, Zhang L, Yang J L, Guo J B, 2009. Effects of surfactants on oxygen transfer in microbubble aeration. Energy and Environment Technology. International Conference on Energy and Environment Technology, IEEE Computer Society, New Jersey, 2: 531-534.

Loll P, Moldrup P, Schjønning P, Riley H. 1999. Predicting saturated hydraulic conductivity from air permeability: Application in stochastic water infiltration modeling. Water Resources Research, 35: 2387-2400

Mason E A , Monchick L. 1965. Survey of the equation of state and transport properties of moist gases. Humidity and Moisture: Fundamentals and Standards: 257-272

Meek B, Ehlig C, Stolzy L, Graham L. 1983. Furrow and trickle irrigation: effects on soil oxygen and ethylene and tomato yield. Soil Science Society of America Journal, 47(4): 631-635

Meyer W, Barrs H, Smith R, White N, Heritage A, Short D. 1985. Effect of irrigation on soil oxygen status and root and shoot growth of wheat in a clay soil. Crop and Pasture Science, 36(2): 171-185

Miller D, Burke D. 1975. Effect of soil aeration on Fusarium root rot of beans. Phytopathology, 65: 519-523

Moldrup P, Olesen T, Komatsu T. 2001. Diffusivity and permeability in the soil liquid and gaseous phases. Soil Sci Society and American Journal, 65: 613-623

Moldrup P, Poulsen T G, Schjønning P, Olesen T, Yamaguchi T. 1998. Gas permeability in undisturbed soils: Measurements and predictive models. Soil Science, 163: 180-189

Niu W Q, Gao C, Shao H, Wu P. 2013. Effects of different rhizosphere ventilation treatment on water and nutrients absorption of maize. African Journal of Biotechnology, 10(6): 949-959.

Niu W, Guo Q, Zhou X, Helmers M J. 2012. Effect of aeration and soil water redistribution on the air permeability under subsurface drip irrigation. Soil Science Society of America Journal, 76(3): 815-820.

Park J S, Kurata K. 2009. Application of microbubbles to hydroponics solution promotes lettuce growth. Horticulture Technology, 19(1): 212-215

Pendergast L, Bhattarai S, Midmore D. 2013. Benefits of oxygation of subsurface drip-irrigation water for cotton in a Vertosol. Crop and Pasture Science, 64(12): 1171-1181

Penman H L. 1940. Gas and vapor movements in the soil: I. The diffusion of vapors through porous solids. The Journal of Agricultural Science, 30:437-462

Peverill K I, Sparrow L, Reuter D J. 2002. Soil analysis: an interpretation manual. Collingwood: CSIRO Publishing Press

Schneider R, Zhang J, Anders M, Bartholomew D, Caswell-Chen E. 1992. Nematicide efficacy, root growth, and fruit yield in drip-irrigated pineapple parasitized by Rotylenchulus reniformis. Journal of Nematology, 24(4): 540-547

Shahein M M, Abuarab M, Magdy E. 2014. Root aeration improves yield and water use efficiency of irrigated potato in sandy clay loam soil. International Journal of Advanced Research, 2(10): 310-320

Shan C. 1995. Analytical solutions for determining vertical air permeability in unsaturated soils. Water Resources Research, 31 (9): 2193-2220

Shan C, Falta R, Javandel I. 1992. Analytical solutions for steady state gas flow to a soil vapor extraction well. Water Resources Research, 28(4): 1105-1120

Silberbush M, Gornat B, Goldberg D. 1979. Effect of irrigation from a point source (trickling) on oxygen flux and on root extension in the soil. Plant and Soil, 52(4): 507-514

Smith J E, Robin M J L, Elrick D E. 1997. A source of systematic error in transient-flow air permeamter measurements. Soil Science Society of America Journal, 61: 1563-1568

Soltani A M, Le Ravalec-Dupin M, Fourar M. 2009. An experimental method for one dimensional permeability characterization of heterogeneous porous media at the core scale. Transport in Porous Media, 77:1-16

Springer D S, Loaiciga H A, Cullen S J. 1988. Air permeability of porous materials under controlled laboratory conditions. Ground Water, 36(4): 558-565

Stolzy L, Zentmyer G A, Klotz L,Labanauskas C. 1967. Oxygen diffusion, water, and Phytophthora cinnamomi in root decay and nutrition of avocados. Proceedings of the American Society for Horticultural Science, 90: 67-76

Stonestrom D A, Rubin J. 1989. Air permeability and trapped-air content in two soils. Water Resources Research, 25 (9): 1959-1969

Stotzky G. 1965. Microbial respiration. Methods of Soil Analysis. Part 2: 1550-1572

Su N, Midmore D J. 2005. Two-phase flow of water and air during aerated subsurface drip irrigation. Journal of Hydrology, 313(3):158-165

Tjalfe G P, Moldrup P. 2007. Air permeability of compost as related to bulk density and volumetric air content. Waste Management Research, 25: 343-351

Torabi M, Midmore D J, Walsh K B, Bhattarai S P, Tait L. 2013. Analysis of factors affecting the availability of air bubbles to subsurface drip irrigation emitters during oxygation. Irrigation Science, 31(4): 621-630

Torabi M, Midmore D J, Walsh K B, Bhattarai S P. 2014. Improving the uniformity of emitter air bubble delivery during oxygation. Journal of Irrigation and Drainage Engineering, 140(7): 1-6

Vyrlas P, Sakellariou-Makrantonaki M. soil aeration through subsurface drip irrigation[C]. In: Proceeding of the 9th International Conference on Environmental Science and Technology, Rhodes Island, Greece. 2005: 1-3.

Wiegand C L, Lemon E. 1958. A field study of some plant-soil relations in aeration. Soil Science Society of America Journal, 22(3): 216-221

Wolf B. The fertile triangle: the interrelationship of air, water, and nutrients in maximizing soil productivity. Food Products Press, 463, 1999.

Wolińska A, Stpniewska Z. 2013. Soil aeration variability as affected by reoxidation. Pedosphere, 23(2): 236-242

Zheng Y, Wang L, Dixon M. 2007. An upper limit for elevated root zone dissolved oxygen concentration for tomato. Scientia Horticulturae, 113(2): 162-165